氣炸烤箱也能做甜點！

嚴選話題甜點 **35** 款
一次學會蛋糕、麵包、餅乾、常溫點心

OREOの甜食町 —————— 著

作者序

『人的一生中，不該只有一種生活。』

　一直以來，我都覺得抱有夢想和興趣，是人生中最大的財富，倘若只是為了工作和收入而活，沒有特別想做的事，那麼生命活到盡頭時，我將會感到無比的可惜。如果可以，多希望一天有 48 小時，讓我能夠學到更多，做更多想做的事情。

　大學畢業後投身旅遊業，當時是旅遊業收入還不錯的時候，短短幾年就去遍許多國家，業績排在公司前三名時，離開了旅遊業，因為還有很多想做的事。

『學會放棄，你只需要加一點勇氣。』

　投身飯店業後，因為某天假日做了甜點給同事們吃，主管的一句：「這好吃耶，可以開店了！」一週後我遞出辭呈，從零開始經營宅配甜點店，充分發揮了射手座想到什麼就做什麼的精神。

　宅配甜點店《啾西手作烘焙》，生意一直都很好，訂單往往要等待二至三個月才能收到蛋糕，每天要製作上百個蛋糕出貨的我，總覺得生活中只剩下一籃一籃的雞蛋、每袋 22 公斤的麵粉，和永遠接不完的訂單，過了幾年這樣的生活，留下體力愈來愈差的身體。

　人生很奇妙，忽然有那麼一個想法，我鼓起勇氣把店收了，前往澳洲打工度假一年，從下決定到踏上澳洲的土地，不到一週的時間。在不同工作環境，學會放下身段從零開始，接受各種不同的意見，也第一次認識了其他的甜點師朋友。

　　回國後，喜歡拍照和走訪各國的我，護照上蓋了滿滿的入境章，但不再是帶著團員重複走著一樣乏味的團體景點，而是去我自己眞正想去的地方，甚至是沒有網路的小島，分享我眞正喜歡的事物。

　　而疫情蔓延的現在，又讓我重拾甜點生活，但這次，不再是只爲了出貨而做甜點，不再是每天重複做上百個一樣的蛋糕，透過研究不同甜點作法，分享更多喜歡的口感和製作教學，生活又是另一個不同的模樣了，喜歡收到觀衆照著我的食譜製作成功的喜悅訊息，也喜歡拍出甜點在照片中甜滋滋的模樣。

　　在這次的書中，分享的是不需要買多大的烤箱，只用省空間的氣炸烤箱，也能在閒暇之餘烤出各種類型的甜點，滿足骨子裡喜歡烘焙，總想著周末做些什麼點心的你。氣炸烤箱容量雖然不大，但 6 至 8 吋蛋糕、一條吐司、一盤手撕麵包、和一小盤餅乾都不是問題，用一般烤箱也可以稍微調整一下烤溫製作。

　　我的食譜都是很剛好的小份量，不會一次做出來就一大堆，以基本款且做法簡單的甜點爲主，很適合周末試做嚐嚐口感，希望你會喜歡，也希望你也能在自己的生活中嘗試加上幸福的甜點，平衡出更好的自己。

OREOの甜食町

目錄

CHAPTER 4 蛋糕篇

CHAPTER 5 餅乾篇

CHAPTER 6 小點心篇

CHAPTER 7 麵包篇

關於氣炸烤箱

issue 01/ 什麼是氣炸烤箱？
和氣炸鍋以及烤箱有何不同？

市面上有各式各樣的烘焙用烤箱，氣炸鍋和氣炸烤箱則是近年來幾乎家家戶戶人手一台的新款烤箱，利用高溫熱風循環到每個角落，讓食材能比一般烤箱更快熟透，也能處理炸物，省時又方便。

其中，氣炸烤箱是一款更適合小家庭烘焙的小家電，能烤出 70% 以上的甜點，體積爲高窄形，和傳統矮胖形烤箱比起來更省空間，若是用來製作量少

且簡單的甜點，非常推薦。氣炸烤箱內部是方形，空間比圓形氣炸鍋更大，可以放下各種烘焙模具；也能清楚看見烤箱內部，方便隨時觀察爐內狀況，而氣炸鍋大多無法看見內部，甜點也不能一直打開來看，因為內部溫度會直接影響成品，總歸來說，氣炸烤箱就是升級版的氣炸鍋！烤盤也比氣炸鍋炸籃容易清洗。

氣炸烤箱與一般烤箱的不同，第一是氣炸烤箱的體積比一般家用烤箱小一些，如果一次只烤一顆 6~8 吋的蛋糕，氣炸烤箱空間是足夠的，適合偶爾烘焙，需求量不多者；若希望一次烤大量甜點，則中大型烤箱會比較適合你。簡單來說，也可以將氣炸烤箱視為加強版的旋風烤箱，適合需要開啟旋風的各種甜點，例如：餅乾、馬卡龍、達克瓦滋等等，一般的麵包和蛋糕也沒有問題，僅表皮會稍微比烤箱略有皺紋或表皮較厚。

有些對溫度比較敏感或是完全不能有旋風功能的甜點，還是要用烤箱製作，例如需要上下火分開調整，無法用單一溫度烘烤的甜點。

氣炸烤箱的
使用方式和注意事項

氣炸烤箱的使用方式,和一般烤箱差不多,我習慣使用自定義模式,也就是自己決定烤溫和時間,如此應用彈性比較大。

1. 氣炸烤箱需要預熱嗎?

烤任何甜點都需要預熱,氣炸烤箱和一般烤箱一樣都要預熱,不過氣炸烤箱預熱時間比一般烤箱短許多,建議準備爐內溫度計,放進烤箱一起預熱,如此可準確知道是否已達到預訂使用溫度。另外,氣炸烤箱升溫雖然快但降溫也快,到達溫度後,打開烤箱時要快速將需要烘烤的東西放進去,並立刻關上進行烘烤。

2. 氣炸烤箱的溫度,和一般烤箱一樣嗎?

大部分食譜，我會建議將原食譜溫度先調降 5 度試試看，或是烘烤時間減少 10%，因為氣炸烤箱升溫很快，較強的熱風循環會讓食材比一般烤箱更容易熟透，如果使用一般食譜的烤溫和時間，烤出來可能會過乾或過熟，但每種甜點狀況不同，每台烤箱爐溫和脾氣也不一樣，還是要自己先測試過一遍。同理，如果想將本書食譜，用於一般烤箱，可以加個 5 度或時間延長 10% 做調整，但最終還是要看烘烤狀態決定是否要出爐，時間和溫度並沒有一定準則。

3. 其他烤模

只要放得下且留有空氣流動空間的烤模，皆能使用於氣炸烤箱，因此製作各種甜點時，不易因烤模而受限。

4. 各種烤模和烤盤的應用

氣炸烤箱的熱源是利用上方熱風快速循環，雖然沒有下火，但因為有快速的熱風循環，下方的熱能實測過，溫度還是很夠的，但要注意使用的烤模四周要預留空間，讓熱氣流通，否則下方無法受熱，蛋糕可能因此長不高。以下是幾種放置方式示範：

A. 烤圓形蛋糕

使用網架並放置在下層。蛋糕膨脹長高後,會過於靠近上方加熱管,導致因碰到加熱管而燒焦,或讓蛋糕表面過乾甚至焦掉,放在下層可減少這樣的疑慮。另外,如果麵糊沒有滴落問題,我會把下方的滴油盤暫時取下,以利空氣流通,讓蛋糕烤得更順利。

B. 烤方形蛋糕或麵包

一樣使用網架,視蛋糕是否會長高決定放置中層或下層,但要注意蛋糕模尺寸不宜過大,例如 422 氣炸烤箱內部可放置尺寸是 26×26cm,那麼使用的烤模最好不要大於 21×21cm,才能確保底部能夠受熱。

C. 烤餅乾

餅乾對底部受熱要求不高，因爲餅乾很薄最多1cm，不過氣炸烤箱烤盤面積過小，一次能烤的餅乾數量有限，所以我使用的是自己額外買的 23×23cm 烤盤，周圍仍保有空間讓空氣流通，烤餅乾沒有問題。

D. 各種造型烤模

市面上各種造型烤模，六連烤模基本上長邊不要大於 26cm 都可以放入，但建議烘烤過程中要調換方向，受熱才會均勻。

2

基礎知識

TOOLS

使用工具 —————

A.【抹刀】
用來塗抹內餡或蛋糕抹面使用，想製作幾吋蛋糕就準備幾吋的抹刀，一般最常用為 6 吋抹刀。

B.【刮刀】
用來拌勻材料，建議選用一體成形的刮刀，比較方便清洗，可準備一大一小，依需要攪拌的量選擇使用。

C.【打蛋器】
用來快速攪散並拌勻材料，適合用在液體或稍微濃稠狀的麵糊，若太過濃稠會卡在中心攪拌不動，這時候就要使用刮刀拌勻。

D.【刮板】
常用於製作麵包、派塔，可鏟起麵團或切割、整形用，蛋糕抹面時也會用到。

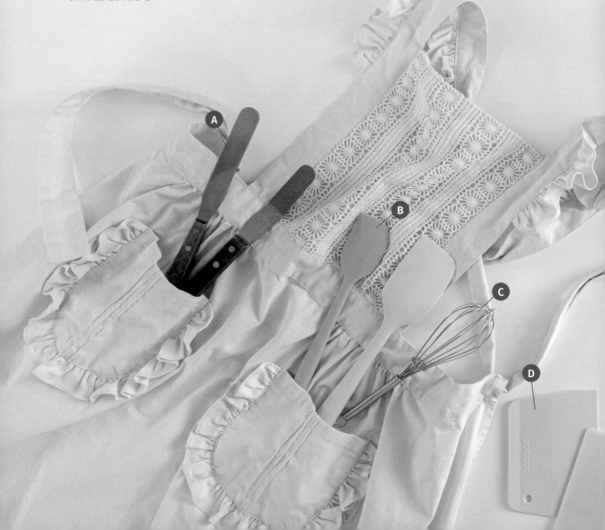

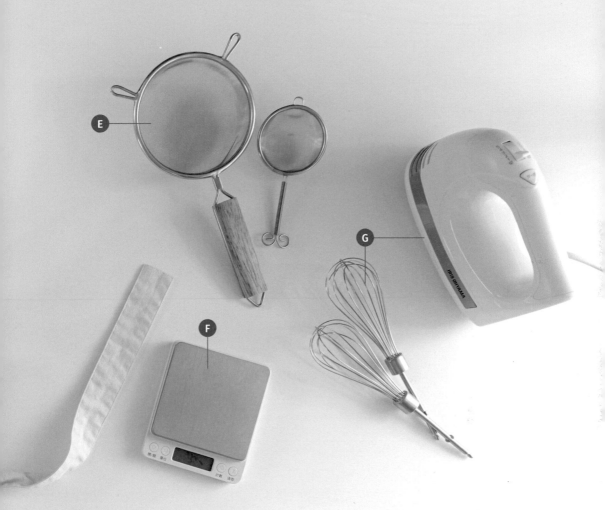

E.【篩網】

用來過篩粉類，避免成品裡有結塊的麵粉。
推薦使用這種類型的濾網，比一般西點篩網
好用，不易卡粉好清洗，可準備一大一小，
小的篩網選用最小密度，可用來過篩可可粉
或抹茶粉。

F.【電子秤】

測量材料的電子秤，精度最好到 0.1g，因為泡

打粉、酵母粉等材料，都需利用電子秤精準
測出使用量。

G.【手持攪拌機】

用來打發鮮奶油、蛋白，與幫助快速攪拌，
推薦額外購買 12 線打蛋器，打發時會更快速、
穩定。

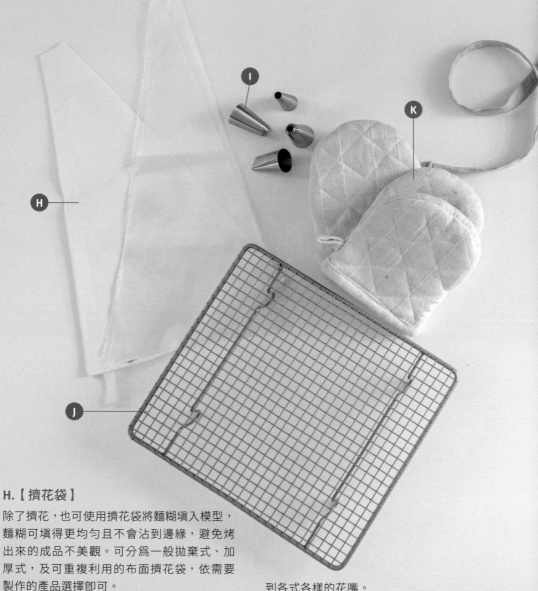

H.【擠花袋】

除了擠花，也可使用擠花袋將麵糊填入模型，麵糊可填得更均勻且不會沾到邊緣，避免烤出來的成品不美觀。可分為一般拋棄式、加厚式，及可重複利用的布面擠花袋，依需要製作的產品選擇即可。

I.【花嘴】

搭配擠花袋使用，擠麵糊可不用花嘴，若需要擠出造型的餅乾，或鮮奶油擠花，就會用到各式各樣的花嘴。

J.【冷卻架】

剛出爐的蛋糕或餅乾，需放在冷卻架，讓熱空氣從底部排除、冷卻，避免成品變得濕軟。

K.【隔熱手套】

使用烤箱一定要準備隔熱手套，長度可以長一點，避免燙到手腕。

L.【桿麵棍】

建議初學者入手塑膠桿麵棍，好清洗不會藏匿汙垢；不建議購買百元內木製桿麵棍，品質較差，洗兩次就會起木屑，容易刺傷手。若再進階，可購買有刻度的桿麵棍，以利於桿出厚薄一致的麵團。

M.【鋸齒刀】

又稱麵包刀，除了用來切麵包，切蛋糕也會比一般刀子切得更漂亮。

N.【鐵尺】

非必要，不過製作千層麵團或需直接放在食品上測量時，鐵尺是比較好的選擇。

BAKING PAPER &
BAKING MAT

烘焙紙和烤墊有何不同？

列出五種烘焙時會用到的烘焙紙和烤墊，可視不同情況適時選用不同材質。

1.【烘焙紙】
最常使用的材質之一，表面光滑，可防止沾黏，缺點是烘烤時會起皺，容易影響底部平整。

2.【白報紙】
類似一般影印紙，為不防沾材質，烘烤餅乾類使用白報紙，烤完會黏住撕不下來，因此不適用於烘烤餅乾。多用於輔助捲蛋糕捲，或在烤方形戚風蛋糕時，利用白報紙不防沾特性，讓戚風蛋糕麵糊可攀爬沾附，以利蛋糕長高；若使用烘焙紙或不沾烤模烘烤，會因防沾表面關係，導致麵糊滑落，蛋糕會扁扁的。

3.【烤盤布】
功用與烘焙紙相同，一樣是不沾材質，可水洗重複利用，較為環保。沒有起皺問題，適合烘烤餅乾、馬卡龍等，需要底部平整的甜點。使用時可先在烤盤上噴烤盤油或抹上奶油，再使用刮板讓烤盤布緊密與烤盤貼合，如此就不會在烘烤時被風吹起，烤出來的甜點就會很平整。

4.【洞洞烤盤墊】
由於底部透氣，熱氣得以散出，甜點底部因此變得平整，餅乾和塔派類表面不會隆起，可省去壓派石的麻煩，適合需要表面平坦的餅乾和塔派類。使用時不需額外抹油，因為這款烤盤墊本身有一點點重量，直接放上去即可使用。不適用於麵糊類等較軟的餅乾，因麵糊烘烤時會融化攤平，卡進烤墊洞口，脫模時餅乾會碎掉，較適合用於烤前形狀和烤後形狀不會差太多的餅乾。

5.【矽膠烤盤墊】
功用與烘焙紙、烤盤布類似，同為不沾材質，無法像烘焙紙一樣隨意折成想要的形狀當烤模，比較像一張可放進烤箱的防沾軟墊，優點是本身即有重量，使用時不需在烤盤上抹油，適合烘烤麵糊類餅乾和大部分餅乾。

INGREDIANTS

使用材料

1.【低筋麵粉】

蛋白質含量最低，常用於蛋糕和餅乾與大部分甜點，其分子最小，故使用前一定要過篩，否則會結塊難以攪散，導致烤出有結塊麵團的蛋糕，或底部沉澱口感很硬，上層鬆塌的蛋糕。

2.【中筋麵粉】

蛋白質含量介於低筋和高筋之間，常用於製作中式糕點，及少部分甜點、餅乾。

3.【高筋麵粉】

蛋白質含量最高，加水後產生的筋性也最高，常用於製作麵包，或做為派塔類桿壓時的手粉。分子較大，一般不需過篩，使用打蛋器與其他材料一起攪散即可使用。

※ 本書食譜使用嘉禾牌麵粉製作

4.【細砂糖】

砂糖顆粒有分粗細，購買時建議選用最細的砂糖。

5.【上白糖】

上白糖顆粒比細砂糖更細小，容易拌勻融化，因含有少許轉化糖漿，摸起來有如海灘細沙般濕潤，用於蛋糕甜點時可提升蛋糕保濕度。

6.【二砂糖】

二砂糖顏色為琥珀色，顆粒較粗，比起細砂糖，製作過程保留了更多蔗糖香氣，甜味較高，用於餅乾或紅豆湯等，可增加甘醇香氣。

7.【三溫糖】

和上白糖一樣同為日本特有的砂糖，顆粒比二砂糖更細小，製作過程因加熱產生焦化作用，因此味道較為突出，能讓烤出來的甜點味道具溫潤口感。

8.【糖粉】

細砂糖研磨成粉狀即是糖粉，純糖粉容易吸濕結塊，通常會加一點玉米澱粉防止結塊，使用前需過篩。

9.【鮮奶油】

建議選擇動物性鮮奶油，成分單純健康，味道比較天然好吃。需要打發的鮮奶油乳脂含量需高於 35%。

10.【牛奶】

建議選擇全脂鮮奶，香氣比較足。

11.【雞蛋】

選擇新鮮雞蛋，並冷藏保存，依食譜需要決定是否退冰。市售雞蛋，不含蛋殼一顆全蛋重量約 50g，蛋黃約為 17 ～ 20g，可以依此來計算需要的雞蛋數量。

12.【奶油乳酪】

烘焙材料行或超市皆有販售，英文標示為 cream cheese，購買時選擇整塊方形乳酪，而非圓罐的抹醬。

13.【無鹽奶油】

一般烘焙多使用無鹽奶油，可再細分成一般無鹽奶油和發酵無鹽奶油，用於餅乾和內餡時，建議使用發酵奶油，因製作過程中加入乳酸菌使其發酵，所以可製造出豐富口感層次，烤出來的餅乾也帶有迷人香氣。

14.【香草莢醬、香草精】

提供香氣，用於布丁、奶醬類、鮮奶油香緹、起司蛋糕等等，香草莢醬較濃稠，適用於餅乾和鮮奶油等大部分甜點；香草精為液體狀，不可直接添加於餅乾麵團，以免麵團變稀影響成品。

15.【蜂蜜】

提供香氣，也能為蛋糕增加保濕作用。

16.【咖啡酒】

常用於慕斯類或鮮奶油、內餡等增加風味。

17.【植物性沙拉油】

用於甜點的沙拉油，可讓蛋糕保濕鬆軟，建議使用無特殊氣味的植物性沙拉油，如：葵花油、芥花油、葡萄籽油等，不建議使用橄欖油或花生油，味道較重會影響口感。

18.【酒】

常見用於甜點的酒類，有白蘭地、蘭姆酒、威士忌等，尤其添加於巧克力甜點中風味更為顯著。

19.【茶葉】

甜點中可使用各式各樣的茶包和茶粉，來製造迷人口感。

20.【杏仁】

整顆杏仁大多做為表面裝飾用。

21.【杏仁粉】

在甜點中加入杏仁粉或榛果粉，經由烘烤可提供堅果香氣，要選用烘焙用杏仁粉，而非超市販售的沖泡杏仁粉。

22.【榛果】

很適合與巧克力甜點做搭配，一般市售榛果醬可直接添加在內餡中。

23.【杏仁片】

萬用裝飾材料，也可做成各式餅乾。

24.【核桃】

市售核桃有整顆與切成小塊的，已切成小塊的較方便使用。

25.【蔓越莓乾】
愈嚼甜味愈能散發出來的果乾，放在餅乾裡
也很好吃。

26.【櫻桃乾】
櫻桃酸味明顯，適合搭配巧克力甜點，是大
人喜歡的酸甜果乾。

27.【白巧克力、苦甜巧克力】

購買時需選擇標示可可脂含量的調溫巧克力，
製作甜點較能成功，口感也較天然滑順；無
標示可可脂 % 數的是代可可脂，使用廉價人
造食用油取代天然可可脂內的成分，無入口
即化的口感，吃起來也不健康。

28.【耐烤巧克力豆】
可撒在巧克力餅乾或蛋糕表面，烤過會脆脆
的很香、很好吃。

ABOUT BUTTER

奶油的四種使用狀態

奶油在使用時，依照食譜的需求會有不同的狀態，在此一一說明。

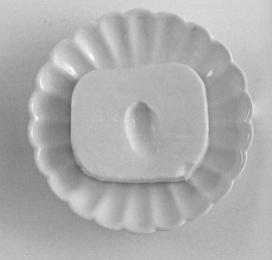

固體狀態
即奶油從冷藏冰箱取出後，直接切塊的固體狀態。

室溫回軟狀態
奶油從冷藏冰箱取出後，切出需要的量，放置室溫一陣子，用手指按壓，可按出一個凹痕的狀態，但按下時並非完全沒有阻力。如果按下去如鮮奶油般沒有感覺到阻力，代表退冰過久。

融化奶油

將奶油加熱成為液體，可使用微波
方式或隔水加熱，若使用微波建議
微波至融化八成左右，取出以攪拌
方式讓奶油慢慢融化完全，否則加
熱過頭會在微波爐中四處噴濺。

焦化奶油

奶油在鍋中持續加熱，加熱至呈現
漂亮的琥珀色澤，此時會散發出焦
香奶油的迷人香氣，雖然多了一個
步驟，但會讓蛋糕的香味更突出。
(製作步驟參考 P193)

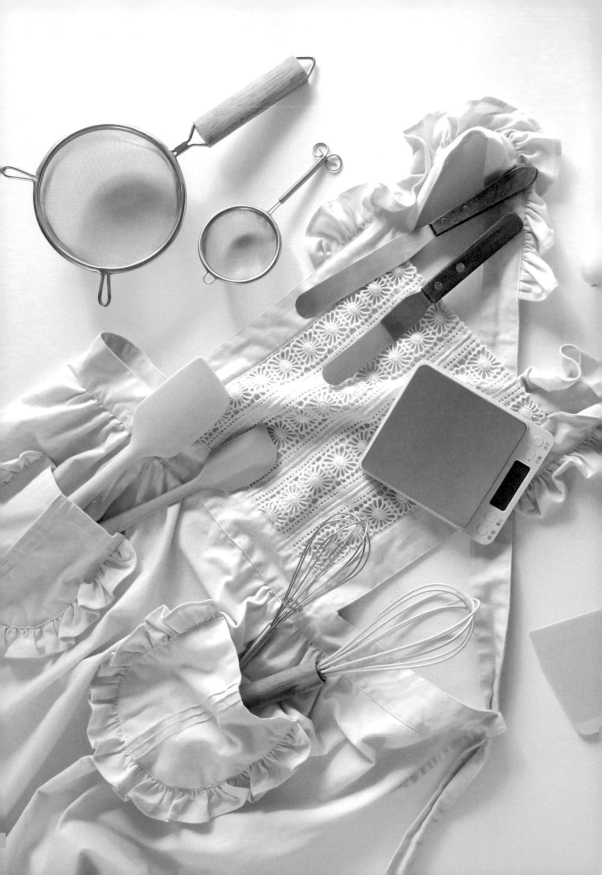

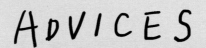

ADVICES

給烘焙新手的建議

1. 工具很重要

剛開始接觸烘焙的讀者，建議器材準備妥當再開始進行烘
焙製作，雖然有些可以家裡現有的器具取代，但多數時候
還是要使用到專業器具，例如：電子秤、刮刀、打蛋器、
烤箱等。其實導致烘焙失敗的原因，通常是看似不起眼的
小細節，像是使用家中現有的湯匙隨意測量材料，或是以
電鍋代替烤箱等等，想提高成功機率，選用適當的工具很
重要。

2. 初次製作不要任意更改食譜

初次製作的食譜，請盡量全數參照食譜上的材料比例製
作，隨意更改食譜內容，可能導致出錯、失敗。例如最常
見新手喜歡將食譜減糖，糖在烘焙材料中屬於硬性材料，
少了它蛋糕容易塌陷、餅乾容易不脆，也會導致口感較
乾。因此第一次製作，先不要更改食譜，試做成功後，再
每次以 5% 的量更改材料，這樣即使烘焙失敗了，也能撇
除材料問題，進而探討是否為製作過程疏漏，或烤溫控制
不當，也能降低製作失敗的鬱悶感喔！

STIRRING & MIXING
常見的基本攪拌手法

1. 攪拌均勻

書中提到的攪拌均勻，並無特定方向和手法，可隨意以繞圈方式攪拌，依照食譜說明使用刮刀或打蛋器。

2. 壓拌均勻

以刮刀面往下壓拌，使麵糊中的氣泡消失，或讓難以融化的粉類完全融合於麵糊中，也常用於拌勻巧克力或馬卡龍麵糊。一般蛋糕麵糊則不使用，以免麵糊出筋或消泡。

3. 切拌均勻

使用刮刀將材料先縱切割幾刀，再翻兩次底部，並重複以上兩個動作。此手法可避免
粉類噴出，欲拌勻物會被劃分成好幾塊，避免只和部分粉類結合或全部沾黏在刮刀上，
使材料融合得更均勻，也可避免麵團出筋。

4. 翻拌均勻

通常用於蛋糕麵糊類，翻拌動作是一手將刮刀貼著碗邊
大幅度翻至碗底，再從中央提起，另一手則往相反方向
轉動碗，此動作可避免麵糊消泡和過度攪拌。

FOLDING PAPER MOLDS

折紙模的方式

烘焙紙裁出模具底部面積加上側邊高度延伸出的大小。

貼在模具底部折出底部面積做記號。（內部尺寸比外部尺寸小一些，可往內多折一點）

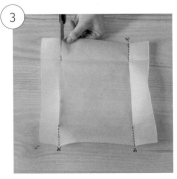

沿著虛線處切掉四邊。

模具噴上油，讓烘焙紙可以貼合模具。

剪好的烘焙紙塞進模具鋪平即可。

HOW TO USE
本書使用方式

1. 直接以食譜的量製作卽可：
本書食譜以氣炸烤箱爲主，食譜製作份量不會太多，也已經減量成最低量了，很適合大家試做，因此不需要再特地將食譜減量，如果成功了，要大量製作時再增加食譜的量卽可喔！

2. 我想要更改食譜的量，如何更改？
所有烘焙食譜，必須全部材料等比例調整，不可以只增減其中一樣材料喔！例如想要做兩倍的量，則所有的食材都必須乘以兩倍。

3. 我的模子和食譜的模具大小樣子都不同，該如何調整配方？
（你的食譜模具體積 ÷ 本書食譜模具體積）× 本書配方量 = 你的模具配方量

例如：
你的模具是長方形，體積：18cm × 8cm × 5cm = 720
本書模具是方形，體積：15cm × 15cm × 5cm = 1125

得出的配方比例差爲 720 ÷ 1125 = 0.64

將本書食譜所有材料乘於 0.64，就是你的模具可以使用的配方量。

圓形模具的體積算法：底面積（半徑 × 半徑 × 3.14）× 高
不規則模型的體積算法：各別倒滿水後秤重，得出水的重量卽可相除得到配方比例差。

CHAPTER

3

萬用肉餡

卡士達鮮奶油

WHIPPED CREAM CUSTARD

份量 | 240g

─ 適用範圍和建議 ─

這款卡士達鮮奶油，可用在各種內餡中，包含泡芙、蛋糕夾層、派塔類的內餡和裝飾等等，也能擠出立體感，但建議製作完成後至少再冷藏4小時以上，擠出來會比較穩定。

INGREDIENTS
材料 ────────

香草卡士達醬材料：
蛋黃 2顆（40g）
細砂糖 30g
香草籽醬 少許
低筋麵粉 8g
玉米粉 8g
牛奶 130g
吉利丁片 1片（2.5g）

卡士達鮮奶油材料：
卡士達醬 175g
鮮奶油 70g
細砂糖 9g

PREPARATION
事前準備 ────────

準備一小碗冰水備用。

METHODS
作法

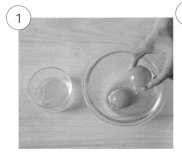

蛋黃和蛋白分開，只使用蛋黃。

在蛋黃中加入細砂糖，並用打蛋器攪散，不需攪拌到砂糖融化，攪散就好。

加入少許香草籽醬，並攪拌均勻，可用香草精取代，但一定要添加，否則做出來會很像甜的蒸蛋，少了香氣。

低筋麵粉和玉米粉過篩到蛋黃中，並攪拌均勻至沒有粉粒。

吉利丁折成兩半，放入冰水使其膨脹軟化。

牛奶以中小火加熱至小滾。

熱牛奶一邊緩慢倒入蛋黃糊，一邊以打蛋器攪拌均勻，底下可以放一條濕毛巾，碗就不會亂跑了。

攪拌均勻後，用篩網過篩回鍋中，避免結塊。

鍋子移回爐台，一邊以中小火加熱，一邊以打蛋器攪拌，攪拌至開始變濃稠時加快速度以免底部焦掉，直至液體完全吸收，且卡士達醬開始沸騰並從底部冒出大泡泡，就可以關火。

TIPS 攪拌時不要只攪拌中間，底部周圍垂直的地方是死角，每個地方都要攪拌到。

取出軟化的吉利丁片，擰乾水分。

趁熱將吉利丁片加入卡士達醬，並攪拌至融化均勻。

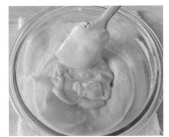

卡士達醬倒進乾淨的碗中，剛煮好的卡士達醬應該像這樣有很多顆粒。

使用均質機，把卡士達醬均質一遍，均質完的卡士達醬會變得滑順有光澤。

TIPS 若沒有均質機，可用濾網過篩，但較費時費力。

TIPS 不這樣做，卡士達醬兩天後就會開始變質。

卡士達醬表面覆蓋保鮮膜，不要有空氣殘留，製造真空效果，才不容易壞掉。包好立刻放入冰箱冷藏，靜置至少 6～8 小時以上或一晚，若有冰塊，可將冰塊放在底下幫助降溫，冷卻後再放冰箱。

取出冰過一晚的卡士達醬，凝固成像羊羹一樣的固體是正常的，因為要和打發的鮮奶油結合，如未達這種狀態，結合後會變得太軟，無法擠出造型。

刮刀以切拌方式，把卡士達醬稍微拌軟，直到表面變得滑順沒有顆粒。

另一個碗放入鮮奶油，加入細砂糖打發。　打至 9 分發，攪拌機停機後，在鮮奶油中畫圈會感受到明顯阻力。

取三分之一的鮮奶油，加入卡士達醬，繼續以切拌方式拌勻，直到表面變得更滑順，沒有顆粒。

加入剩餘的鮮奶油，這次用翻拌方式拌勻，不要去壓它。拌好的卡士達鮮奶油，看起來應該是蓬鬆且光滑，不會流動的狀態。

TIPS
1. 卡士達鮮奶油拌好後，可以放在冰箱冷藏，表面要貼緊保鮮膜，繼續冷藏 4 小時以上可以讓它更穩定，擠餡時才不會過軟。
2. 最後拌好的狀態如果是會流動的，表示卡士達醬製作時，可能是煮的過程有問題、鮮奶油打得不夠發、最後拌合時拌太久，或者室內溫度太高。

香草蜜茶鮮羊奶油
VANILLA HONEY TEA WHIPPED CREAM

份量 | 可擠約 5 顆羅馬生乳麵包

－適用範圍和建議－

這款鮮奶油打發後，可作為點心內餡、裝飾，或蛋糕夾層、鮮奶油擠花，但最後打發的程度視使用需求而有不同，夾層和內餡為 9 分發，擠花為 7～8 分發，抹面則是 7 分發左右。六吋蛋糕抹面請將配方乘以 1.5 倍；六吋蛋糕夾層則每層約需 100g 的鮮奶油。

INGREDIENTS
材料 ───

鮮奶油 200g
調溫白巧克力 30g
香草籽醬 少許
香草甘菊蜜茶茶包 1包

※ 使用的是唐寧香草甘菊蜜茶茶包，可替換成喜歡的其他口味。

METHODS
作法

鮮奶油倒入鍋中，加入少許香草籽醬拌勻，小火煮至沸騰後關火。

沸騰後放入香草茶包，浸泡約 3 分鐘，可用刮刀戳幾下茶包，幫助茶味釋放，但小心別戳破茶包。

3 分鐘後取出茶包，再次開小火，煮至邊緣冒泡小滾後關火，倒入放了白巧克力的碗中，底下放電子秤，秤倒入的鮮奶油重量。

原本 200g 鮮奶油因蒸發變少，記住現在秤出的數字，待會需補回蒸發的量。煮滾的鮮奶油加入後，先靜置 1～2 分鐘讓餘溫融化白巧克力，馬上攪拌鮮奶油會因降溫而無法融化巧克力。

靜置完用刮刀拌勻，確定底下沒有殘留白巧克力。接著補回蒸發的鮮奶油量，以本食譜爲例：原本鮮奶油是 200g，煮完剩 173g，需補加 27g 鮮奶油。

香草鮮奶油以均質機均質過一遍，讓質地均勻打發會更穩定，若沒有均質機，可以用最細的濾網過篩一遍。

覆蓋保鮮膜時，保鮮膜要貼著鮮奶油表面，不要有空氣殘留，製造真空效果，才不容易壞掉。包好放入冰箱冷藏，靜置至少 6 ～ 8 小時以上或放一晚，才能取出打發，否則會打不發。

取出冰過的香草鮮奶油，以手持攪拌機打發。

做為內餡使用，打發至堅挺如圖片中 9 分發，攪拌停機後，在鮮奶油中畫圈會感受到明顯阻力，提起時是球狀卡在打蛋器裡的狀態。打發完可直接填餡，麵包還沒做好的話，可再次包上保鮮膜放冰箱暫時冷藏，但打發的當天一定要使用。

TIPS 1. 白巧克力務必使用調溫白巧克力，而非代可可脂巧克力或超商販售的巧克力，那樣會導致無法打發。

2. 因為加入茶的成分，茶會吸油，導致鮮奶油油脂含量變少，所以添加白巧克力補充油脂，如沒有添加，會在打發前即油水分離。

3. 若要做原味鮮奶油不放茶包，白巧克力可以只放 15g 增加打發穩定性，打發時加入 5 ～ 10g 細砂糖。

錫蘭紅茶鮮奶油
CEYLON BLACK TEA WHIPPED CREAM

份量 | 1 個 6 吋蛋糕
抹面或奶蓋

─ 適用範圍和建議 ─

依不同打發程度，可做為
各種用途，由於加了鮮
奶，白巧克力的量比較
少，因此口感清爽，打發
起來較為軟滑，做為抹面
和擠花最多打至 7 分發，
不建議作為內餡，因為巧
克力加的比較少，又加了
牛奶，質地比較難打發至
堅挺程度。

INGREDIENTS

材料 ─

鮮奶油 A 50g
牛奶 10g
萬年春錫蘭紅茶粉 2g
白巧克力 18g
鮮奶油 B 100g

METHODS
作法

白巧克力放入乾淨的碗中，碗的大小要可以容納所有材料。

將鮮奶油 A 和牛奶，放入鍋中，並將紅茶粉過篩進去。

一邊開小火，一邊將紅茶粉壓拌均勻，直到煮滾為止，煮滾時，若還剩餘一些紅茶粉沒拌勻沒關係，先關火。

關火後立刻倒入裝有白巧克力的碗中，靜置 1～2 分鐘讓白巧克力受熱。

靜置完，將碗裡的白巧克力和紅茶粉拌勻，用刮刀在底部壓拌，直到滑順沒有殘渣，因為量很少，若溫度降低了還有白巧克力未拌勻，微波加熱就能輕鬆拌勻。

拌勻後用最細的濾網過濾一次，檢查有沒有未拌勻的茶粉和白巧克力。

過濾完，加入鮮奶油 B，繼續攪拌均勻。如果有均質機，可省略過濾步驟，直接在加完鮮奶油後均質一遍，效果會更好。

保鮮膜緊貼紅茶鮮奶油表面，不要殘留空氣，並放入冷藏，靜置至少 6～8 小時以上或放一晚，再取出打發，否則會打不發。

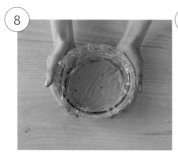  

取出冰過的紅茶鮮奶油，以手持攪拌機打發。

打發至需要的程度使用，例如做為戚風蛋糕上的奶蓋，需要一點流動性，打至 6 分發，稍微有點堆疊，但搖晃一下會攤平的狀態即可。

TIPS 1. 為什麼前面教的香草蜜茶鮮奶油不用加牛奶，這裡卻需要呢？
　　 兩種鮮奶油的口感吃起來不同，用途也不同，牛奶是為了讓鮮奶油吃起來較清爽不油膩，但相對比較不易打發至內餡堅挺，兩者都試過後，打發時就可以感覺其中差異，嚐起來也會有所不同。
2. 白巧克力務必使用調溫白巧克力，而非代可可脂巧克力或超商販售的巧克力，那樣會導致無法打發。
3. 因為加入茶的成分，茶會吸油，導致鮮奶油油脂含量變少，所以添加白巧克力補充油脂，如沒有添加，會在打發前即油水分離。

小山園抹茶鮮羊奶油

MATCHA GREEN TEA WHIPPED CREAM

份量｜1個6吋蛋糕抹面
＋擠花的量

─ 適用範圍和建議 ─

依不同打發程度，可做爲各
種用途，無論是擠花、內餡、
抹面、裝飾都沒問題，可做
整顆鮮奶油蛋糕，也可做爲
抹茶蛋糕捲、千層蛋糕內餡，
食譜口感爲濃郁版，想清爽
些，可在製作時加入10%馬
斯卡彭起司，入口口感會更
爽口。另外，若要加入內餡，
則要做兩倍的量。

INGREDIENTS

材料 ───

鮮奶油 A 100g

細砂糖 10g

小山園若竹抹茶粉 3g

調溫白巧克力 22g

鮮奶油 B 50g

METHODS
作法

白巧克力放入可微波的微波盆中，以中強火微波，每次 20 ～ 30 秒，每次間隔取出搖晃一下，直到搖晃時巧克力開始黏住不會晃動，改為每次微波 8 秒取出攪拌，直到完全融化為止。

抹茶粉以細網過篩進白巧克力中，並仔細拌勻至沒有顆粒為止。

TIPS 抹茶粉因不耐高溫，若和煮沸的鮮奶油混合容易產生苦澀味，混入液體也比較不易拌勻，因此先和白巧克力混和，會比混合液體更好拌勻。

鮮奶油 A 放入鍋中，加入細砂糖，小火煮至小滾，邊緣滾一圈的狀態，不用完全煮沸，關火倒入抹茶巧克力。

將鮮奶油和抹茶巧克力拌勻，用打蛋器拌勻更快，但記得用刮刀仔細檢查底部有沒有拌勻。

拌勻後，用細網過篩一遍，加入未煮沸的冰鮮奶油 B，並攪拌均勻。

保鮮膜緊貼著表面包好，放入冰箱冷藏，靜置至少 6～8 小時以上或放一晚，才能取出打發，否則會打不發。

隔天從冰箱取出，並將抹茶鮮奶油倒入較大的碗裡打發，調理過的抹茶鮮奶油比較濃稠，很快就能打發，若要擠花或抹面注意不要打太久。

⑧

⑨

以擠花爲例,大概打到如照片中和戚風蛋糕蛋白差不多的狀態,表面保有光澤度,不會流動但呈現滑順的狀態。

裝入擠花袋卽可作爲擠花用途,若要作爲蛋糕夾層內餡,則要再打至有點硬挺才行。

萬用檸檬餡
LEMON FILLING

份量｜8～10 顆
一般大小的達克瓦茲內餡

－適用範圍和建議－

這款是十分萬用的檸檬餡，可以用來做檸檬塔內餡、餅乾、達克瓦茲等夾心內餡，也能在蛋糕夾層中擠一些增添風味。質地屬於比較挺的內餡，可以做一些簡單的擠花造型，內餡冷藏過後會變得有點硬，需要刮軟一點再使用。

INGREDIENTS
材料 ───

檸檬皮　5g（約需 2～3 顆檸檬）

細砂糖　80g

全蛋蛋液　100g（約 2 顆蛋）

玉米粉　10g

檸檬汁　90g（約需 2～3 顆檸檬）

白巧克力　15g

無鹽奶油　90g

METHODS
作法

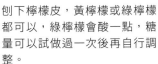

刨下檸檬皮,黃檸檬或綠檸檬都可以,綠檸檬會酸一點,糖量可以試做過一次後再自行調整。

檸檬皮和細砂糖均勻混合,砂糖有吸濕特性,能提出檸檬皮的香氣。

接著將檸檬切半,中間劃兩刀把主要纖維切斷,這樣榨汁更容易,擠出檸檬汁後,用篩網過濾一遍。多餘的檸檬汁可以倒入製冰格,一格 5g,冷凍起來保存,之後做戚風蛋糕或飲用時很方便使用。

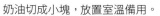

奶油切成小塊,放置室溫備用。

全蛋均勻打散,盡量打散一點,打到像水一樣不要有蛋筋。

6

在蛋液中加入細砂糖拌勻,接著將玉米粉過篩加入仔細拌勻,這時會比較難拌開,要花一點時間耐心拌勻,否則容易結塊。

7

8

最後加入檸檬汁拌勻,並倒入鍋中。

開小火煮檸檬餡,持續用打蛋器攪拌,不可停下。

9

10

直到底部開始有些凝固時,加快攪拌速度,記得攪拌周圍垂直死角,否則會焦掉,邊煮邊攪拌至濃稠,水份完全吸收後,即可關火。

關火後,加入白巧克力攪拌,讓白巧克力均勻融化,並讓檸檬餡冷卻降溫至 35 度左右。

降溫至接近人體溫度後,才加入室溫軟化的無鹽奶油,並攪拌至檸檬餡整體均勻沒有結塊。

檸檬餡過篩一遍,把檸檬皮和一些結塊過濾掉。

過篩後的檸檬餡應該很光滑細緻。

檸檬餡表面緊貼上保鮮膜,放冰箱冷藏 4 小時以上備用。

蜜桃鮮奶油
PEACH TEA WHIPPED CREAM

份量｜ 1條 23cm 蛋糕捲內餡

－適用範圍和建議－

富有蜜桃清香的鮮奶油，吃
起來口感清爽不膩，搭配水
果做甜點非常適合，吃多了
也不覺得有負擔。適合作爲
蛋糕內餡、擠花裝飾，以及
抹面等等。

INGREDIENTS

材料 ───────

鮮奶油 250g
細砂糖 15g
調溫白巧克力 35g
唐寧香甜蜜桃茶包 1包

METHODS
作法

鮮奶油和細砂糖倒入鍋中，小火加熱至小滾。

關火後，加入蜜桃茶包，如果不介意打好的鮮奶油有細小茶葉，茶包可以剪開，讓茶葉均勻散開釋放香氣，茶葉在鮮奶油中泡個 3 分鐘，另外準備好一個小碗放入調溫白巧克力。

3 分鐘後，再次開小火，當鮮奶油邊緣微滾時即關火，並將鮮奶油過篩到放有白巧克力的碗中。

過篩後，稍微等待一下，讓白巧克力受熱，再開始攪拌，若喜歡鮮奶油表面有更多茶葉，可以多留一些茶葉在鮮奶油中。

確認底部白巧克力攪拌均勻散開後，再補進 15g 鮮奶油，補充蒸發時的耗損量，再次攪拌均勻後，趁熱表面緊貼上保鮮膜，放入冰箱冷藏至隔天使用。

隔天取出的鮮奶油，會變得濃稠，更好打發也更穩定，打發至需要的程度即可使用。

TIPS 白巧克力一定要確實拌勻，不確定的話可再過篩一遍，或使用均值機打勻。

以蛋糕捲內餡為例，打發至堅挺的程度，碗翻過來不會滴落，內餡也不會滑動，才可以唷。

伯爵茶鮮奶油
EARL GREY WHIPPED CREAM

份量┃1份6吋戚風蛋糕奶蓋及內餡

－適用範圍和建議－
依不同打法程度,適用於各
種內餡、擠花裝飾、和抹面。

INGREDIENTS
材料 ————

鮮奶油　250g
細砂糖　15g
調溫白巧克力　35g
唐寧皇家伯爵茶包　1包

METHODS
作法

作法和蜜桃鮮奶油完全相同,
但過篩茶葉時有刻意多留一些
茶葉在鮮奶油中,讓打發完的
奶蓋看起來更好看,建議最多
只保留一半的茶葉量以免影響
口感。

CHAPTER

4

蛋糕篇

原味戚風蛋糕
PLAIN CHIFFON CAKE

份量│1個6吋戚風蛋糕

戚風蛋糕是最常見的蛋糕體做法之一，組織濕潤有彈性，輕盈而不乾噎，
適合作為一般鮮奶油蛋糕中的夾層蛋糕，其輕盈的組織不會壓壞內餡，
適合做各式各樣的造型蛋糕，單吃也很美味。

INGREDIENTS
材料 ────────

〔**材料 A**〕
蛋黃　3 顆（約 50g）
鮮奶 43g
植物性沙拉油 30g
低筋麵粉 55g

〔**材料 B**〕
蛋白 3 顆（約 95g）
細砂糖　45g
新鮮檸檬汁　5g

PREPARATION
事前準備 ────────

建議使用冰的雞蛋，可幫助分蛋時蛋
黃較有韌性不易破，也能幫助蛋白更
好打發，但使用常溫的蛋也可以。

METHODS
作法

將蛋白和蛋黃分開，蛋白中不可有蛋黃殘留，碗要洗乾淨不可殘留油脂，否則會讓蛋白打不發。

在蛋黃中加入鮮奶和植物性沙拉油，並以打蛋器攪拌均勻。

低筋麵粉過篩到蛋黃糊中，繼續以打蛋器攪拌均勻。

以打蛋器拌勻後換成刮刀，把底部和周圍刮過一遍，若還有殘餘的麵粉則壓拌至滑順。這步驟一定要確定麵粉沒有結塊，否則烤出來的蛋糕會有麵粉硬塊，也可能導致蛋糕上下分層。

接著打發蛋白，先以手持攪拌機將蛋白打至起粗泡後停下。

檸檬汁全數倒入，細砂糖分三次倒入，先倒入三分之一。

繼續將蛋白打至泡沫變白變細，沒有看到大泡泡，但還是流動的狀態，這時再倒入三分之一的細砂糖。

繼續打至蛋白變得濃稠，提起攪拌機時蛋白會有堆疊狀，這時候倒入剩餘的細砂糖。

接下來繼續打到需要的小尖角狀態，關閉攪拌機時，手持攪拌器在蛋白裡繞兩圈，提起攪拌機查看蛋白狀態，蛋白應為圖片中能夠呈現一個彎曲的小尖角，若是尖端直挺挺的話，表示打過頭。若尖角下垂，則還沒到需要的狀態。

TIPS 第三次加入細砂糖後，可以每 10 秒停機檢查狀態，比較不容易打過頭。

拆下一支打蛋器，在打發好的蛋白中手動劃 3～5 圈，讓蛋白變得綿密滑順，等一下和蛋黃糊攪拌時會比較快拌勻，不這樣做，會拉長拌勻時間，導致麵糊消泡。這時候提起打蛋器，蛋白尖端應該會像一個冰淇淋聖代那樣的彎鉤。

用打蛋器挖兩大坨蛋白加入蛋黃糊，先和蛋黃糊拌勻，從邊緣的碗底開始，一邊手動讓打蛋器自轉，一邊繞著碗拌勻，主要是將碗底的蛋黃糊拌起與蛋白混合並拌勻，而非盲目把蛋白攪散，差不多拌勻時，換成刮刀翻拌，檢查底部有沒有沉澱的蛋黃糊。

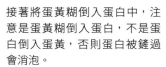 這樣做雖然會讓蛋白消泡，但由於蛋黃糊比較重且濃稠，和蛋白質地差很多，直接拌勻需要拌更長的時間才會均勻，且容易產生像雲朵狀的蛋白難以拌勻，拌到均勻時麵糊全都消泡了，因此先犧牲一些蛋白和蛋黃糊拌勻，讓兩者質地接近，拌勻時會更快才不會消泡。

用刮刀輕柔且快速翻拌，此時翻拌動作很重要，一定要貼著碗邊往下刮，再從中央挑起，總之刮刀不能在麵糊中亂攪，只能從底部翻上來，否則一樣會消泡。

接著將蛋黃糊倒入蛋白中，注意是蛋黃糊倒入蛋白，不是蛋白倒入蛋黃，否則蛋白被鏟過會消泡。

TIPS 全程動作要快，整個拌完的動作不要超過 1 分鐘。

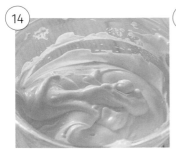

拌好的狀態，應該是完全不會流動能夠堆疊的麵糊，如果會流動且容易攤平，表示麵糊消泡，烤出來會很扁且容易不熟。

將麵糊倒入蛋糕模中，這時候應該很容易讓邊緣都沾到蛋糕糊，弄得邋遢是正常的，表示麵糊很成功。

TIPS 如果做中空模，麵糊可以不用全部倒完，至少留一公分的高度，否則麵糊太滿烤出來會蘑菇頭。

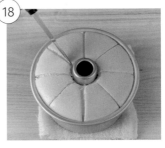

用筷子在麵糊中繞小圈，排除大氣泡，並抬起蛋糕模從約10cm高度往下摔幾下，讓大氣泡都排出，這樣切開才不會有大凹洞。

接著把蛋糕放進氣炸烤箱，以160度烤約30～35分鐘。

烤約8～10分鐘時，取出蛋糕用小刀劃線，蛋糕會裂的比較平均好看，若不在意可以跳過這個步驟，劃線時少烤的分鐘數記得補回去。

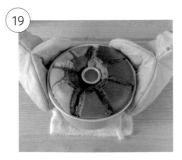

烤至30分鐘後，竹籤插入蛋糕看看是否有沾黏，烤到竹籤上沒有沾黏蛋糕糊，就可以出爐了，出爐後立刻在桌上摔兩下，排出底部的熱空氣，接著立刻倒扣放涼約1小時，直到蛋糕模摸起來是涼的完全沒有溫度為止。

TIPS 蛋白狀態有打好的話，在150度以上的烤箱烤35分鐘一定會熟，沒有熟的話就是蛋白打發狀態和拌勻過程有問題。

蛋糕模完全冷卻後，可徒手脫模，將蛋糕邊緣往內撥，應該可以輕易將蛋糕和蛋糕模分開，按壓至能夠看到底部的蛋糕模，如果有壓不到的，也可以使用抹刀幫忙。

中間可以用小刀或脫模刀，輕輕劃一圈，接著從底部推一下，確認模具能分開。

頂部可以切掉也可以保留，要切的話放在模具裡切，刀抵著蛋糕模邊緣，就能切出平整的面。

底部一樣輕輕地按壓一圈把蛋糕從模具上分離，即可輕鬆脫模囉。

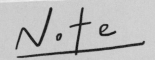

1. 戚風蛋糕使用的蛋糕模，不可使用「不沾蛋糕模」，因爲戚風蛋糕需要攀爬模具邊緣往上長高，如果是不沾模，會滑下來爬不高，蛋糕就會扁扁的不蓬鬆唷。

2. 戚風蛋糕失敗的原因，百分之八十都是蛋白打發的問題，很多人怕消泡，因此盡可能打到非常發，但其實蛋白打過頭，麵糊會更快消泡，因爲其中的分子鏈已經因爲過度攪打而斷開，切記只要打到圖片中彎鉤的狀態就可以了。

3. **Q**：爲什麼蛋糕烤出來澎的很高，但一出爐就立刻消下去了？
   因爲蛋白打過發或打得不穩定。蛋白需要很綿密細緻的氣泡，而不是粗大虛有的氣泡，想像蛋白是洗面乳，搓揉起泡的泡泡要愈細愈密愈好，因此才會需要添加檸檬汁幫助穩定打發。如果蛋白的氣泡很粗大不綿密，則無法好好支撐蛋糕體，烘烤時裡面大量的空氣膨脹讓蛋糕好像澎的很高，但出爐時一降溫熱脹冷縮，蛋糕就會直接變矮了。

4. **Q**：爲什麼加了檸檬汁後打發蛋白的速度好像變慢了？
   承上，沒有加入檸檬汁的蛋白，打發速度確實很快，看起來很快就打發到很蓬鬆的樣子，但是打發出來的蛋白表面是霧面沒有光澤，也很容易拌一拌就消泡，烤出來的蛋糕表面會是粗糙有小凹洞，烤完也容易縮小變矮或是縮腰。加了檸檬汁以後，好像一開始打發速度變慢許多，但卻是紮實穩定地慢慢在打空氣進去，打發出來的蛋白會細緻光亮，表面有光澤，組織也變得更穩定不容易消泡。

5. **Q**：我沒有檸檬汁，可以用其他的東西代替嗎？
   替換成等量白醋或是塔塔粉，均可幫助蛋白穩定打發。

6. **Q**：爲什麼倒扣的時候蛋糕會掉下來？
   因爲蛋糕烤得不夠熟，邊緣還無法黏住蛋糕模，濕濕的所以就滑下來了。

7. **Q**：爲什麼戚風蛋糕要倒扣？
   戚風蛋糕是非常輕盈的組織，需要利用蛋糕會抓住模具邊緣的特性，倒扣時利用地心引力讓中央的蛋糕體不會塌陷，不倒扣的話蛋糕體會往下凹陷一些，邊緣容易縮腰不平整，但口感不會差很多，也有很多戚風蛋糕沒有倒扣。

藏心伯爵奶蓋戚風
EARL GREY MILK FOAM CHIFFON CAKE

份量｜1個 6 吋
戚風蛋糕

在伯爵鮮奶油中，保留了香氣很足的伯爵茶角，
不僅視覺上更誘人，香味也更突出，並且把伯爵鮮奶油充分的擠入戚風蛋糕中，
吃起來更加滿足，整體口感不膩且非常美味。

INGREDIENTS
材料 ──────

伯爵戚風蛋糕體材料：

鮮奶 30g

伯爵茶包 1 包

蛋黃 3 顆

植物性沙拉油 30g

低筋麵粉 55g

蛋白 3 顆

細砂糖 45g

檸檬汁 5g

PREPARATION
事前準備 ──────

前一天做好伯爵茶鮮奶油（參照 p65
伯爵茶鮮奶油作法），並放置冷藏隔
夜備用。

METHODS
作法

①

鮮奶放入碗中，微波加熱至冒
煙發燙，不必加熱到滾，加熱
完立刻剪開伯爵茶包，倒入茶
葉浸泡約 3 分鐘。

METHODS
作法

分開蛋白和蛋黃，蛋黃加入植物性沙拉油，及放涼的伯爵奶茶，倒入奶茶同時秤重，因爲蒸發掉的量等一下要補入鮮奶。

伯爵奶茶不用過篩，慢慢倒入後，刮下一半的茶葉到蛋黃糊中，剩下的茶葉就不要了，接著加入鮮奶，將伯爵奶茶的重量補到 45g（包含茶葉）。

蛋黃糊攪拌均勻，並將低筋麵粉過篩進去。

蛋黃糊仔細攪拌均勻，不要留有麵粉，最後用刮刀檢查底下有無麵粉結塊。

蛋白加入檸檬汁和糖，打發成如圖中的彎鉤狀濕性發泡（參照 p 70 蛋白打發方式），打發完記得用打蛋器將蛋白畫幾圈，幫助後續混合。

挖兩坨蛋白放入麵糊，先以打蛋器拌勻，接著換刮刀，用翻拌方式確認有無未拌勻的麵糊在底部。

拌勻的麵糊倒進打發好的蛋白中，刮刀用翻拌的方式，將麵糊翻拌均勻，動作要快以免麵糊消泡。

拌勻後即可將麵糊倒入蛋糕模中，將蛋糕模從約 10cm 高度摔 2 ～ 3 下，排出剩餘大氣泡，接著用筷子在麵糊中畫小圈，把剩餘氣泡排出。

10

接著放進預熱好的氣炸烤箱，
以 160 度烤約 30 分鐘。

TIPS 參照 p73 原味戚風蛋糕做
法，進行烘烤和放涼、脫
模的步驟。

11

12

取出前一天做好冷藏的伯爵茶鮮奶油，取 150g 伯爵茶鮮奶油，包
上保鮮膜放回冰箱，等一下做為淋面用。

剩餘的鮮奶油打發做為內餡，
打至不會流動的堅挺狀。

12

13

打發完成的鮮奶油放入擠花袋，使用尖嘴的花嘴，型號不拘。

14

伯爵蛋糕底部朝上，筷子插入蛋糕，小心不要刺穿蛋糕體，製造一些空隙，然後從洞口擠入鮮奶油。

取出 150g 伯爵茶鮮奶油，打發至 5 ～ 6 分發，滴落會有點交疊但把碗搖一搖可以晃平的狀態。

打好的伯爵茶鮮奶油，慢慢用刮刀淋在蛋糕表面。

接著一次取一點鮮奶油，淋上後用刮刀垂直地輕輕在蛋糕表面輕點，讓鮮奶油往下流動。奶蓋淋好後，建議先冷凍 10 ～ 15 分鐘，讓鮮奶油變得堅挺一點不那麼水，之後再裝飾喜歡的水果或餅乾，若直接裝飾，水果可能會比較難站立。

$N \cdot t e$

1. 最後的奶蓋要小心不要打過頭，如果打發過頭，流性會變差，看起來就沒有那麼光滑，此時可以用另外一個小碗，取兩大匙鮮奶油微波，用小火微波，每次 3 ～ 5 秒，只要變回液體就可以倒回鮮奶油中，翻拌一下即可補救，若效果不夠再重複一次。

巧克力豆戚風蛋糕
CHOCOLATE CHIP CHIFFON CAKE

巧克力永遠是最受歡迎的蛋糕口味，
尤其撒上滿滿的巧克力豆，大人小孩都喜歡，
自己做的要撒多少就撒多少，烤成方形切塊裝袋也很方便送人。

> **份量｜** 1個 16×16cm
> 戚風蛋糕

INGREDIENTS
材料 ─────

法芙娜無糖可可粉 20g
熱牛奶 50g

蛋黃 5 顆（85g）
鮮奶 32g
植物油 75g
低筋麵粉 80g

蛋白 5 顆（150g）
細砂糖 68g
檸檬汁 9g

法芙娜 52% 耐烤水滴巧克力
約 20 ～ 30g（依照喜好添加）

PREPARATION
事前準備 ─────

折出方形紙模（參照 p36 折紙模方式）。建
議使用白報紙而非烘焙紙，戚風蛋糕才能往
上攀爬長高，否則蛋糕會很矮不蓬鬆，烤模
底部不用塗油。

※ 戚風蛋糕的攪拌手法和蛋白打發方式，以及
各種詳細理論，參考 p68 原味戚風蛋糕，有更仔
細的步驟說明。

METHODS
作法

①

將 50g 的牛奶放進碗中，微波
加熱至冒煙不必滾，然後把可
可粉過篩進去。

②

過篩完用打蛋器拌勻，確認攪拌均勻沒有結塊，使用完打蛋器，養成習慣用刮刀壓拌一下做確認，拌勻後放涼備用。

③

④

蛋白和蛋黃分開，蛋白中不可殘留蛋黃，碗要洗乾淨不能殘留油脂，否則會讓蛋白打不發。蛋黃中加入植物性沙拉油和鮮奶，並攪拌均勻。

將放涼的巧克力牛奶液倒入蛋黃糊，仔細攪拌均勻。

⑤

低筋麵粉過篩到蛋黃糊中，繼續以打蛋器攪拌均勻，巧克力因為是酸性，此時有許多泡泡是正常的，確認麵粉有拌勻即可。

⑥

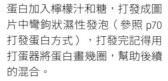

⑦

蛋白加入檸檬汁和糖，打發成圖片中彎鉤狀濕性發泡（參照 p70 打發蛋白方式），打發完記得用打蛋器將蛋白畫幾圈，幫助後續的混合。

挖兩坨蛋白放入巧克力麵糊中，先以打蛋器拌勻，接著換刮刀，以翻拌方式確認有無未拌勻的麵糊在底部，然後將拌勻的麵糊倒進打發好的蛋白。

刮刀以翻拌方式,將麵糊翻拌均勻,動作要快以免麵糊消泡。

在放有紙模的模具中倒入一半的麵糊,刮刀以垂直面整理凹凸不平的麵糊,動作要輕柔,刮刀深入三分之一就好不用太深,大概平整即可。

在中層撒上滿滿的巧克力豆,再倒入剩餘麵糊。

用鋁箔紙包住烤模上方,輕輕捏合就好不要包太緊,不要讓鋁箔紙被風吹走即可,因為待會還要從烤箱取出,包好放入預熱的氣炸烤箱,160 度烤約 45 分鐘,烤至約 10 ～ 15 分鐘後取出鋁箔紙,接著繼續烘烤,直到竹籤插入沒有沾黏。出爐後盡快從烤模中取出放涼,這款蛋糕無法倒扣,脫模後側面有縮腰情形是正常現象。

麵糊輕震一下,震出氣泡,再撒上表面的巧克力豆。

TIPS 先震完再撒巧克力豆,若撒完才震,巧克力豆會被震到下面去。

Note

1. 包鋁箔紙的用意,是因為氣炸烤箱風力較強,易讓蛋糕表面結皮,若表面結皮,蛋糕卻還未膨脹完全,會把皮往上頂,形成外觀像蘑菇頭的蛋糕,因此一開始先用鋁箔紙阻隔避免表面太早結皮,讓蛋糕表面較為濕潤,一般烤箱可忽略這個步驟。

2. 巧克力豆依個人喜好,中層也可以用調溫巧克力,切開就會有流心,也可以選擇完全不加。

珍珠奶蓋戚風蛋糕
BOBA MILK TEA CHIFFON CAKE

這款萬年不敗口味，極易擄獲人心，做法也不難，買杯喜歡的珍珠奶茶，珍珠加量兩倍，
回家時撈出一半的珍珠，就能同時擁有珍珠奶茶和珍珠奶蓋蛋糕了！

INGREDIENTS

材料 ————

熱牛奶 20g　　　　蛋白 3 顆（約 95g）

萬年春錫蘭紅茶粉 4g　　細砂糖 45g

植物性沙拉油 30g　　新鮮檸檬汁 5g

鮮奶 20g

蛋黃 3 顆（約 50g）

低筋麵粉 50g

※ 戚風蛋糕的攪拌手法和蛋白打發方式，以及各種詳細理論，參考 p68 原味戚風蛋糕，有更仔細的步驟說明。

PREPARATION

事前準備 ————

1. 前一天做好紅茶鮮奶油（參照 p50 錫蘭紅茶鮮奶作法），並緊貼上保鮮膜，放置冰箱冷藏一晚備用。

2. 準備活動型 6 吋陽極蛋糕模。

METHODS
作法

將 20g 鮮奶放進碗中，微波加熱至冒煙不必滾，然後把紅茶粉過篩進去。

過篩完用打蛋器拌勻，確認有攪拌均勻沒有結塊，使用完打蛋器，養成習慣用刮刀壓拌一下做確認，拌勻後放涼備用。

蛋白和蛋黃分開，蛋白中不可殘留蛋黃，碗要洗乾淨不能殘留油脂，否則會讓蛋白打不發。在蛋黃中加入植物性沙拉油和鮮奶，並攪拌均勻。

將放涼的紅茶牛奶液倒入蛋黃糊，仔細攪拌均勻。

低筋麵粉過篩到蛋黃糊中，繼續以打蛋器攪拌均勻，確認麵粉有拌勻即可。

⑥

蛋白加入檸檬汁和糖，打發成圖片中彎鉤狀濕性發泡（參照 p70 打發蛋白方式），打發完記得用打蛋器將蛋白畫幾圈，幫助後續的混合。

⑦

挖兩坨蛋白放入紅茶麵糊中，先以打蛋器拌勻，接著換刮刀，用翻拌方式確認有無未拌勻的麵糊在底部。

⑧

將拌勻的麵糊倒進打發好的蛋白中，刮刀以翻拌方式，將麵糊翻拌均勻，動作要快以免麵糊消泡。

9

10

拌勻後將麵糊倒入蛋糕模中，接著用筷子在麵糊中畫小圈，把大氣泡排出。

蛋糕模從約 10cm 高度摔 2 ～ 3 下，排出剩餘大氣泡，接著放進預熱好的氣炸烤箱，以 160 度烤約 30 ～ 35 分鐘。

11

12

13

烤約 8 ～ 10 分鐘時，取出蛋糕用小刀劃線，蛋糕會裂的比較均勻好看，若不在意可跳過這個步驟，劃線時少烤的分鐘數要記得補回去。

出爐時機的判斷和脫模方式，可參考原味戚風蛋糕。

取出前一天做好冰在冰箱的紅茶鮮奶油，打至 6 分發左右，要保有一點流動性，能稍微堆疊，但把碗搖晃幾下可以攤平的程度即可，實際狀態可能要比圖片再稀一些。

13

14

TIPS 調理過的鮮奶油打發速度會快很多，一定要隨時停機查看狀態，否則很容易打過頭。

將打發好的紅茶鮮奶油，倒在蛋糕表面，刮刀呈垂直，像使用刀片那樣來回在頂部輕劃，讓鮮奶油稍微平整。

接著往外輕劃,讓鮮奶油往外流動,力道要輕,每個位置都劃一下,讓鮮奶油自然地往下流。

淋上珍珠,搭配黑糖珍珠很好吃!可保留一點飲料底部的黑糖汁,最後跟著珍珠一起流下來超誘人!

Note

1. 奶蓋要做得好看,鮮奶油的打發程度很重要,打到開始變濃稠時就要隨時停機查看,若打發過頭,可乾脆作成抹面蛋糕。

2. 此款蛋糕冷藏後會更好吃,但珍珠若冷藏太久會變硬口感不佳,因此製作完,建議盡早食用完畢,或是要吃之前再淋上珍珠。

小山園抹茶戚風蛋糕
MATCHA GREEN TEA CHIFFON CAKE

OREO'S
SWEETSMACHI

咖啡廳裡最受歡迎的甜點中，抹茶蛋糕一定佔有一席之地，
只是簡單的蛋糕體配上濃郁的抹茶鮮奶油，
即使沒有放上紅豆點綴，單純撒上抹茶粉，也好吃得讓人滿足。

份量｜ 1 個 6 吋戚風蛋糕

INGREDIENTS
材料 ————

〔材料 A〕
熱牛奶 20g
小山園若竹抹茶粉 5g
鮮奶 25g
植物性沙拉油 30g
蛋黃 3 顆（約 50g）
低筋麵粉 50g

〔材料 B〕
蛋白 3 顆（約 95g）
細砂糖 45g
新鮮檸檬汁 5g

METHODS
作法

PREPARATION
事前準備 ————

前一天先做好抹茶鮮奶油（參照 p54 作法），
緊貼上保鮮膜，放置冰箱冷藏一晚備用。

TIPS 1. 若依照本食譜只做表面擠花不需抹面的
話，只需一半的抹茶鮮奶油，請將抹茶鮮
奶油食譜配方量除於二製作。

2. 不同品牌的抹茶粉吸水力不同，添加時
要依照特性調整量和液體量，以免麵
糊過於濃稠。以我常用的兩款抹茶粉來
說，萬年春抹茶粉可以加到 7g，小山園
抹茶粉加到 5g 即可。

※ 戚風蛋糕的攪拌手法和蛋白打發方式，以及
各種詳細理論，參考 p68 原味戚風蛋糕，有更
仔細的步驟說明。

1

將 20g 牛奶放進碗中，微波加
熱至冒煙，不必滾，再把抹茶
粉過篩進去。

METHODS
作法

過篩完用打蛋器拌勻，要確實攪拌均勻不能有結塊，使用完打蛋器，養成習慣用刮刀壓拌一下做確認，拌勻後放涼備用。

分開蛋白和蛋黃，在蛋黃中加入植物性沙拉油和鮮奶，並攪拌均勻。

放涼的抹茶牛奶液倒入蛋黃糊，仔細攪拌均勻，注意不要有結塊。

低筋麵粉過篩到蛋黃糊中，繼續以打蛋器攪拌均勻，確認麵粉有拌勻，最後以刮刀確認底部有無結塊。不同抹茶粉吸水力不同，蛋黃糊最終理想狀態應是濃稠且打蛋器上的麵糊可自然滴落乾淨，不會卡在打蛋器中。

蛋白倒入檸檬汁和糖（參照 p70 打發蛋白方式），打發成如圖中彎鉤狀濕性發泡，打發完記得要用打蛋器將蛋白畫幾圈，幫助後續的混合。

挖兩坨蛋白倒進抹茶蛋黃糊中，先以打蛋器拌勻，接著切換刮刀，用翻拌方式確認有無未拌勻的蛋黃糊在底部。

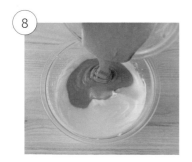

拌勻的麵糊倒進打發好的蛋白，刮刀用翻拌的方式，將麵糊翻拌均勻，動作要快以免麵糊消泡。

⑨

⑩

蛋糕模從約 10cm 高度摔 2～3 下，排出剩餘大氣泡，接著放進預熱好的氣炸烤箱，以 150 度烤約 30～35 分鐘。

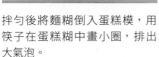

拌勻後將麵糊倒入蛋糕模，用筷子在蛋糕糊中畫小圈，排出大氣泡。

TIPS 抹茶戚風蛋糕溫度比一般戚風蛋糕低一點，否則外層顏色會變得焦黃。

⑪

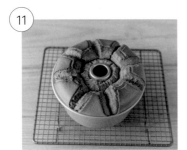

烤約 8～10 分鐘時，取出蛋糕用小刀劃線，蛋糕會裂得比較平均好看，若不在意可跳過這個步驟，劃線時少烤的分鐘數記得補回去。

TIPS 出爐時機的判斷和脫模方式，（參照 p73 原味戚風蛋糕）出爐後記得倒扣至涼。

⑫

準備喜歡的擠花嘴，6 角或 8 角都可以，這裡使用的是 SN7093 的 8 角花嘴。將前一天做好的抹茶鮮奶油從冰箱取出並打發。

⑬

擠花的鮮奶油不能打太硬，大概和戚風蛋糕蛋白差不多，表面保有光澤度，不會流動但呈現滑順的狀態，若打得過發，擠花就會帶有鋸齒分裂狀不好看。

TIPS 調理過的鮮奶油打發速度會快很多，要隨時停機查看狀態，否則很容易打過頭。

(14) 打發完的鮮奶油裝入放好花嘴的擠花袋中，前端可以用保鮮膜包起來以免鮮奶油乾掉，放置冰箱冷藏備用。

TIPS 打發完的鮮奶油放進冰箱會再變硬一些，因此打發時不用打到很硬，這樣擠出來的樣子會比較剛好，另外冷藏不要超過1小時，冰過久擠出來也不好看了。

(15) 脫模方式和原味戚風蛋糕一樣，蛋糕表面可以切除也可以留著。

(16) 拿出打發好的抹茶鮮奶油，以畫圈的方式交錯擠出一圈一圈的鮮奶油造型。

(17) 再將鮮奶油以垂直的方式擠小一點的造型補在空白處。

(18) 表面撒上抹茶粉，並依個人喜好，使用翻糖小花、巧克力飾片或香草植物等做裝飾，就完成了。

TIPS 若側面沒有做抹面，保存蛋糕時要注意密封，以免蛋糕體在冷藏時過度乾燥。

蜜橘香緹水果捲
ORANGE SWISS ROLL

份量｜23cm 蛋糕捲一條

之前一直以爲氣炸烤箱太小了沒辦法做蛋糕捲，沒想到居然可以！
且還能放的進整顆砂糖橘，搭配清香的蜜桃香緹，
整體水果風味和蛋糕體非常搭，裡面搭配其他水果其實都很不錯喔！

INGREDIENTS
材料 ───────

蛋黃　3 顆（約 50g）
細砂糖 A　25g
蛋白　3 顆（約 95g）
細砂糖 B　50g
檸檬汁　5g

低筋麵粉　90g
糖粉　適量

※ 此配方正確可製作的蛋糕片爲一大一小，考量每個人擠的力道和打發程度不同，初次製作建議用此配方製作，雖然麵糊會多出來，但可避免麵糊不夠，如果做成功了，其實兩顆蛋的配方比例就足夠做一片了，可將蛋糕片的食譜全部材料乘以 2/3 即可。

PREPARATION
事前準備 ───────

1. 前一天做好蜜桃鮮奶油（參照 p62 蜜桃鮮奶油作法），放置冷藏隔夜。

2. 準備好要放入內餡的水果，本食譜使用的是砂糖橘，是非常小的橘子，直徑約 4 ～ 5cm，需先剝皮並去除大部分纖維備用。

3. 準備 23×23cm 平整的烤盤，將烘焙紙裁成方形，四個角各剪一刀，在烤盤上噴上薄薄的油，將烘焙紙平整地放上去。（參照 p36 折紙模作法）

4. 低筋麵粉、糖粉及細砂糖 A、細砂糖 B、檸檬汁，秤好備用，這款蛋糕麵糊容易消泡，事前準備好才不會手忙腳亂。

5. 準備好擠花袋和花嘴，把花嘴放進擠花袋中備用，本次使用的是圓形花嘴（SN7067）。

METHODS

作法

分開蛋白和蛋黃，在蛋黃中加入細砂糖 A，然後攪拌均勻。

用手持攪拌機，將蛋黃隔著熱水打發，打發至變成鵝黃色，提起攪拌機時，蛋黃糊能短暫堆疊。

接著打發蛋白（參照 p70 蛋白打發方式），並分為三階段，將檸檬汁和細砂糖加入，打發至富有光澤的小尖角。

挖兩坨蛋白放入蛋黃糊，輕柔拌勻後，再倒入蛋白。

用翻拌手法，輕柔地將蛋黃糊拌過，大致拌過就可以不要拌太久，還看的到一些蛋白沒關係，等等加入麵粉還要繼續拌。

低筋麵粉分兩次過篩到蛋黃糊中，接著輕柔翻拌，不用拌到很勻，還能看到一點麵粉也沒關係，拌太久會消泡。

剩餘麵粉過篩完畢，繼續輕柔翻拌，翻拌至看不到白白的粉就可以了，看起來有點粗糙結粒狀是正常的，此時麵糊應是霧面堅挺狀，若是光澤滑順，則表示翻拌過久消泡了。

麵糊盡快放入擠花袋，從角落開始均勻擠出條狀麵糊，擠花袋可傾斜貼近烤盤，擠出來會比較完整。

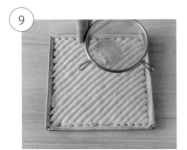 

完成後，表面撒上糖粉，送入預熱好的氣炸烤箱，烘烤 180 度約 12 分鐘。

出爐後，蛋糕片翻面，撕下烘焙紙，讓熱氣散去，再翻回正面放涼。

TIPS 三顆蛋的量烤出來約是一大一小片，小片是原廠烤網做的，尺寸太小沒辦法做蛋糕捲，實際測試過，兩顆蛋可以做一片大片的。

取出提前做好的蜜桃鮮奶油，以手持攪拌機打發至絨毛狀的堅挺狀態。

蛋糕片放在烘焙紙上，放上適量鮮奶油抹平，鮮奶油量不要太多，因為使用的橘子比較大顆，量太多捲的時候鮮奶油會爆出來，大約 0.5cm 厚即可。

砂糖橘擺在蛋糕中央，橘子中線要垂直蛋糕，切開才會是花瓣狀的樣子。將橘子周圍都抹上鮮奶油，捲完才不會有空隙。

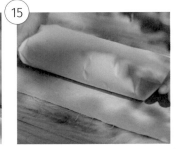

烘焙紙下方墊桿麵棍，把蛋糕往前捲緊，捲到底後用尺把蛋糕捲往內推緊，另一手把烘焙紙往前拉緊，如此便可把蛋糕捲緊囉。

捲好的蛋糕捲，兩端折好，放進冰箱冷藏 2 小時以上，定型後即可切開享用。

Note

1. 砂糖橘雖然已經很小顆，但仍會占用蛋糕捲內部空間，因此可能無法吃到太多鮮奶油，剩餘的鮮奶油可在上面擠花做裝飾，這樣鮮奶油吃起來的量比較剛好，若是比較小顆的水果可以多放一點鮮奶油在蛋糕捲裡。

2. 切蛋糕時，可以用鋸齒刀，切得比較漂亮，若用平刀會把蛋糕和水果壓壞。

杯子起士蛋糕
CHEESE CUPCAKES

份量 | 6 個直徑 5.5cm 杯子蛋糕

濃郁的重乳酪起士蛋糕，做成可愛的杯子造型，
就是一人一杯剛剛好的量，裝入袋子很可愛，
想吃的時候隨時可以從冰箱拿一個。

INGREDIENTS
材料

奶油乳酪 200g
細砂糖 30g
蛋黃 1 顆
全蛋 1 顆
香草籽醬 少許
鮮奶油 70g
玉米粉 4g
鮮奶 15g

METHODS
作法

奶油乳酪切成薄片放入碗中，
隔水加熱或微波軟化，直到用
刮刀尖端可輕易往下切斷。

用刮刀將奶油乳酪拌軟，接著用打蛋器拌至沒有顆粒，如果軟化程
度不夠，會很難拌至沒有顆粒。

METHODS
作法

趁奶油乳酪還是熱的，倒入細砂糖攪拌均勻，直到像美奶滋那樣滑順。

加入一顆蛋黃、一顆全蛋，攪拌均勻至滑順。

加入少許香草籽醬提升香氣，然後拌勻。

將玉米粉過篩進去，繼續拌勻至沒有粉粒。

加入鮮奶油和鮮奶，繼續拌勻。

在六連烤模中放入油力士紙杯，盡量選擇有防油層款式，以免紙杯吸到水分變軟爛，要吃的時候撕不下來。

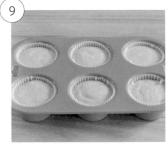

起士麵糊平均倒入六個模中。

準備一個底盤，倒入 2 ～ 3cm 高的熱水，再將烤模放上去。

放入預熱好的氣炸烤箱，以 150 度烤約 35 分鐘，時間到後若表面上色覺得太淡，可以將裝有水的底盤拿掉，把氣炸烤箱預熱到 200 度，再把起士蛋糕移往靠近上層的位置，烤約 3 ～ 5 分鐘，表面顏色覺得可以就要拿出來，避免烤焦。

Note

1. 此款起士蛋糕烤完後先放涼，接著冷凍 2 小時以上或隔夜，吃之前退冰一下子即可食用，會有冰淇淋的口感，冷藏亦可，口感不同。

2. 密封完好的起士蛋糕，可放冷凍一個月，要吃之前取出退冰即可。

重乳酪紐約起士蛋糕
NEW YORK CHEESECAKE

起士蛋糕中，最喜歡經典款搭配自製餅乾底，我的配方偏日系濕潤口感，
而不是麵粉很多的厚重紮實口感，適合冷凍後退冰吃，會像吃冰淇淋一樣綿密；
自製的餅乾底，添加了全麥粉，口感比使用消化餅更美味。

INGREDIENTS
材料 —————

餅乾底材料：
無鹽奶油 36g
細砂糖 16g
二砂糖 16g
中筋麵粉 24g
全麥粉 16g
泡打粉 0.5g
鹽 1g

重乳酪紐約起士蛋糕材料：
奶油乳酪 300g
細砂糖 45g
玉米粉 5g
全蛋 1 顆（約 50g）
鮮奶油 125g
鮮奶 55g

杏桃果膠 少許
飲用水 少許

METHODS

餅乾底作法

無鹽奶油放置室溫軟化，直到可以用刮刀稍微拌軟的程度。

加入細砂糖和二砂糖，攪拌一下讓砂糖分散進去奶油中，不必拌至融化。

所有粉類材料（中筋麵粉、全麥粉、泡打粉）和鹽，在另一個碗中過篩一遍，攪拌均勻，再倒入奶油中。

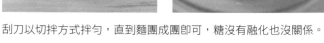

刮刀以切拌方式拌勻，直到麵團成團即可，糖沒有融化也沒關係。

準備一張方形烘焙紙，活底蛋糕模底盤包上烘焙紙，這是為了讓蛋糕好脫模，防止餅乾底黏在底盤，脫模時餅乾碎掉。

底部朝上，烘焙紙依序往內折一圈，確實壓緊。

接著把底盤放回烤模，放入餅乾底麵團，用湯匙壓扁。

餅乾底喜歡吃起來鬆脆，不要壓太緊，喜歡吃硬脆的話，就要壓扁一點。

將餅乾底連烤模一起送入預熱好的氣炸烤箱，以 170 度烘烤 15 分鐘，烤至金黃色飄出香味即可出爐放涼。

METHODS

重乳酪紐約起士蛋糕作法

奶油乳酪切成薄片放入碗中，隔水加熱或微波軟化，直到用刮刀尖端可輕易往下切斷。

用刮刀將奶油乳酪拌軟，接著用打蛋器拌至沒有顆粒，如果軟化程度不夠，會很難拌至沒有顆粒。

趁奶油乳酪還是熱的，倒入細砂糖攪拌均勻，直到像美奶滋那樣滑順。

將玉米粉過篩進去，繼續拌勻至沒有粉粒。

加入一顆全蛋蛋液，攪拌均勻至滑順。

分兩次加入鮮奶油拌勻。

接著倒入鮮奶，攪拌均勻，拌完應該很滑順沒有顆粒，如果有顆粒，表示前的面奶油乳酪沒有拌勻，這時可以過濾一下補救。

準備一張方形鋁箔紙，將放涼的烤模，底部用鋁箔紙包起來，避免烤的時候進水。

四周先往內折一點，把過高的地方往內折，這樣邊緣有點厚度，再往上折的時候會更容易壓緊，只有單層的鋁箔紙很容易鬆開。

接著往上折，一邊折一邊壓緊，要緊到完全貼合，否則水蒸氣會順著烤模往裡面滴。

取一張長條型烘焙紙，在烤模邊緣鋪一圈，會比較好脫模。

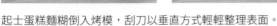
起士蛋糕麵糊倒入烤模，刮刀以垂直方式輕輕整理表面。

準備一個底盤，倒入約 2～3cm 高的熱水，放入預熱好 150度的氣炸烤箱，烤約 45～50分鐘。

時間到，若表面還沒上色，可以調至 200 度烤約 3～5 分鐘，顏色漂亮即可出爐放涼。

出爐後拿掉底部的鋁箔紙，整模放涼，之後連同烤模一起包保鮮膜，放進冰箱冷凍一晚。

隔天脫模時，只需用手的溫度在烤模邊緣摸一圈，把盤子放在底下，蛋糕模往下推即可脫模，底部和邊緣都有烘焙紙，可以直接脫模沒問題。脫模後在表面塗上加水調和的杏桃果膠，即可有光亮的表面，等待蛋糕退冰約 10～15 分鐘，即可切片食用。

TIPS 杏桃果膠直接使用過於黏稠，塗抹時可能導致蛋糕表面破裂，建議加一點飲用水稀釋，此步驟可以省略，但塗了杏桃果膠較為美觀。

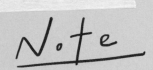

1. 如果喜歡吃鬆一點的餅乾底，可以在餅乾底出爐後把餅乾拿出來打碎，再加入 10g 融化奶油拌勻，重新放回烤模中壓扁。沒有打碎重組的餅乾偏硬脆，切蛋糕時要稍微用力，但一樣好吃。

2. 此款重乳酪蛋糕建議冷凍保存，第一次脫模完就切片，再放回冷凍保存，才不會整顆蛋糕退冰沒吃完又放回去重複冷凍退冰，這樣餅乾底會軟掉不酥脆。要吃的時候一次退冰要吃的量，室溫退冰 10 ～ 15 分鐘就可以吃了，

3. 若喜歡清新一點的口感，可以加 10g 檸檬汁，或是三分之一的鮮奶油改成優格。

4. **Q**：為什麼烤出來的起士蛋糕皮皺皺的？
   這是因為氣炸烤箱風力較強的緣故，如果不希望皮皺皺的，可以在烤程前 20 分鐘在蛋糕模上方用鋁箔紙壓緊，20 分鐘後再拿掉上色，會平整一些。

抹茶巴斯克起士蛋糕
MATCHA BASQUE BURNT CHEESECAKE

份量｜1個6吋
起士蛋糕

抹茶的濃郁香氣和香濃起士蛋糕的組合，
是抹茶控絕對要試試的簡單款甜點，
喜歡的話，表面再灑點抹茶粉，味道會更濃郁。

INGREDIENTS
材料 ─────

抹茶巴斯克蛋糕材料：
奶油乳酪 285g
細砂糖 90g
抹茶粉 7g
全蛋 2顆（約100g）
低筋麵粉 8g
鮮奶油 190g

原味巴斯克蛋糕材料：
奶油乳酪 285g
細砂糖 80g
全蛋 2顆（約100g）
香草籽醬 少許
檸檬汁 10g
低筋麵粉 10g
鮮奶油 185g

※ 原味巴斯克起士除了材料少了抹茶外，製作
　 方式和抹茶巴斯克一樣，附上原味巴斯克材
　 料，有興趣的人可以試試，一樣非常好吃。

PREPARATION
事前準備 ─────

因為抹茶容易上色，建議烘焙紙周圍
不要太高，以免擋住熱風循環，將烘
焙紙放入烤模後，高出邊緣的部分往
下折，用小木夾夾住，這樣可以讓表
面更通風，一但上色均勻就可以出爐。

METHODS
作法

① 奶油乳酪切成薄片放到碗中，隔水加熱或微波軟化，直到用刮刀尖端可輕易往下切斷的熱度。

② 用刮刀將奶油乳酪拌軟，接著用打蛋器拌至沒有顆粒，如果軟化程度不夠，會很難拌至沒有顆粒。

③ 趁奶油乳酪還是熱的，倒入細砂糖攪拌均勻，直到像美奶滋那樣滑順。

抹茶粉以細網過篩進乳酪糊中，並攪拌均勻。

兩顆全蛋以打蛋器打散，蛋液分 2 ～ 3 次加入，攪拌均勻至滑順。

將低筋麵粉過篩進去，繼續拌勻至沒有粉粒。

分 2 ～ 3 次加入鮮奶油拌勻，抹茶起士麵糊就完成了！

麵糊過篩，確定沒有結塊的麵粉和蛋，接著把麵糊倒進烤模。

放入預熱好 200 度的氣炸烤箱，烤約 20 ～ 25 分鐘，表面有均勻上色即可。出爐後放涼，即可包好保鮮膜放入冷凍一晚，隔天室溫退冰 10 ～ 15 分鐘即可享用。

蜂蜜起士磅蛋糕
HONEY CHEESE POUND CAKE

雖然是磅蛋糕，但吃起來很濕潤，口感很像蜂蜜蛋糕般香甜，
加了起士讓蛋糕體有了鹹香風味，當早餐也美味。

| **份量** | 1 個長方形磅蛋糕 |

INGREDIENTS
材料 ————————

無鹽奶油 100g

上白糖 80g

全蛋 2 顆（約 100g）

低筋麵粉 100g

鹽 0.5g

泡打粉 4g

起士片 4 片

蜂蜜 20g

鮮奶 15g

蜂蜜糖水材料：

蜂蜜 10g

飲用水 5g

PREPARATION
事前準備 ————

1. 無鹽奶油、雞蛋放置室溫退冰備用。

2. 準備本書使用烤模尺寸：長 20× 寬 7× 高 6cm

METHODS
作法

① 無鹽奶油室溫軟化後，以刮刀拌軟，接著加入上白糖。

② 加入上白糖後，以打蛋器拌勻至砂糖大致融化，但不要打入空氣將奶油打發，貼著碗底拌就可以，最後以刮刀整理奶油，確認底部沒有殘餘的砂糖。

METHODS
作法

兩顆全蛋打散，一次將一大匙的量倒進奶油中拌勻至吸收卽停手，如果不熟悉，可以用刮刀輕拌卽可，比較不會拌到油水分離。

剩餘的蛋液分次加入，一次不要倒太多，因爲奶油會無法吸收，形成油水分離。

接著將所有粉類材料（低筋麵粉、泡打粉）和鹽，倒進調理機，稍微打一下讓材料均勻。

再把起士片撕成小片狀放入調理機，攪打至變成粉末狀，打的時候可適時讓機器傾斜，可以避免打不均勻的情況。

盡量把起士片打到很細和粉融合，如果起士片顆粒還很粗，烤出來會有一顆一顆黑點，口感也會沒那麼好。

> **TIPS** 這個步驟如果太早打，放著備用的話，麵粉會慢慢吸收起士片的水分進而結塊，因此奶油拌完了再打比較好。

打好的粉類分兩次加入奶油糊，並翻拌均勻。

接著加入蜂蜜拌勻，最後加入鮮奶。

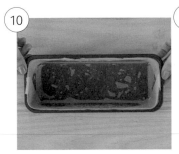  

烘焙紙折成紙模（參照 p36 折紙模方式），並在烤模周圍抹上奶油，這樣烘焙紙可以緊黏在烤模上，不會在倒入麵糊時變形。

麵糊全部倒入烤模中，放入預熱好 170 度的氣炸烤箱，烤約 35 分鐘。

烤至約 10 分鐘時，麵糊會慢慢膨脹，這時候可取出，用小刀在中央劃一條線，幫助蛋糕裂開時比較漂亮，也可省略此步驟。

 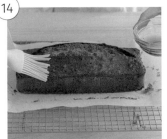

烤至顏色約為金黃色時，蓋上鋁箔紙，防止表面顏色繼續變深，因為加了蜂蜜和起士的關係，會比一般磅蛋糕更容易上色。烘烤時間結束後，竹籤插入測試，沒有沾黏就可以出爐了。

出爐後趁熱在表面刷上蜂蜜糖水，讓蛋糕吃起來更濕潤，蛋糕要完全放涼才可以切開，若一出爐就切開，裡面的水蒸氣會蒸發，蛋糕裡的水分就會流失，可以的話密封起來，放至隔天再吃更美味。

岩燒起士蜂蜜蛋糕

BAKED HONEY CHEESECAKE

這是一款我歸類為好吃到會噎到的蛋糕，

如果你也很喜歡吃焗烤類料理，還會把邊邊烤焦的起士都刮下來吃，

那這個你一定要試試看！好吃到剩下的起士醬都不會放過！

蛋糕體雖然是戚風做法，但比戚風更濕潤，烤完膨不高也不要擔心，

凹下的地方能幫你接住許多起士醬，切開時還會流心呢！

> **份量**｜1個6吋
> 岩燒起士蜂蜜蛋糕

INGREDIENTS
材料 ————

蜂蜜口味蛋糕體：
蛋黃　3顆（約55～60g）
植物性沙拉油　36g
蜂蜜　15g
鮮奶　30g
低筋麵粉　50g

蛋白　3顆（約95g）
細砂糖　40g
檸檬汁　5g

蜂蜜起士淋醬：
鮮奶油　45g
蜂蜜　20g
無鹽奶油　40g
起士片　2片（約40g）

METHODS
作法

1

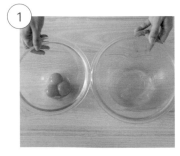 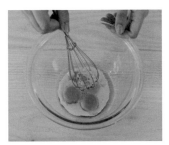 

做法和戚風蛋糕相同，分開蛋白和蛋黃，在蛋黃中加入鮮奶、植物性沙拉油和蜂蜜，攪拌均勻。

METHODS
作法

低筋麵粉過篩到蛋黃糊中，攪拌均勻至沒有粉粒，最後記得用刮刀檢查一下底部有無結塊。

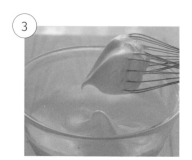

將蛋白分三次加入細砂糖和檸檬汁打發，打至富有光澤感的小彎鉤狀（參照 p70 蛋白打發方式），並取下一根打蛋器，將蛋白劃幾圈拌一下。

挖兩大匙蛋白放入蛋黃糊，用打蛋器輕柔拌勻，再將麵糊倒入蛋白。

⑤

用翻拌方式，以刮刀將麵糊快速且輕柔地拌勻，並倒入戚風蛋糕模中。

⑥

筷子在麵糊表面劃幾圈，並在桌上輕摔幾下，排出大氣泡，即可送進預熱好的氣炸烤箱，使用 160 度烘烤 30 分鐘左右，烤到 5～8 分鐘時，可以取出蛋糕劃線，會裂得比較平均，也可以跳過這個步驟。

⑦

出爐後，在桌上震兩下排出熱氣，即可倒扣放涼，這邊是否倒扣架都可以，因為蛋糕體本身最後不會太澎。

等待蛋糕冷卻的同時來製作蜂蜜起士淋醬，將蜂蜜起士淋醬四種材料放入鍋中，起士可以撕成小片狀，一邊隔水加熱，一邊攪拌至融化，就完成了，非常簡單。

> **TIPS** 不同的起士片可能做出不同的濃稠度，有的一關火就開始慢慢凝固，有的要放涼才會有點稠稠的，可以先關火測試看看，最佳的濃稠度是像稀一點的卡士達醬，如果像水一樣稀的話，淋上時會全部滴落到蛋糕旁邊，可以放涼一點再使用；如果過於凝固不好抹開，可再隔水加熱回溫使用。

蛋糕體四周用脫模刀劃一圈，底盤向上推出脫模，放置在有烤盤紙的烤網上，喜歡用哪一面當正面都可以。

蜂蜜起士醬先倒三分之一在表面，均勻抹開。

接著周圍也均勻抹上蜂蜜起士醬，抹好抹滿，建議邊緣薄薄的有帶到就好，因為烤的時候受熱都會往下滑落到烘焙紙上，因此可以把醬都集中在上方，抹好後，放入預熱好的氣炸烤箱，以 200 度烘烤 3～5 分鐘。

(12)

烤的時候要全程注意，因為上色很快，不小心可能會烤焦哦！烤到
覺得顏色夠了就可以取出，若表面上色不是太理想，可以改用噴槍
輔助上色，否則繼續烤的話邊緣會烤焦。

Note

1. 這款蛋糕，剛出爐熱騰騰的最好吃，如果沒有馬上要吃，要吃之前建議再用180度回烤3～
   5分鐘，蜂蜜起士仍會往下流，這樣最美味。

2. 這款蛋糕，用蛋糕正面做或是用蛋糕底部朝上做，烤出來效果會不太一樣，底部朝上比較
   像布丁的形狀；正面朝上烤，中央會有點凹陷，剛好可以留住很多起士醬，另外正面朝上
   烤時蛋糕表面不建議劃線，以免起士醬全隨著劃線凹槽滴落在烤盤上。

餅乾篇

美式巧克力軟餅乾

CHEWY CHOCOLATE CHIP COOKIES

份量 | 8 片巧克力軟餅乾

經過許多次試驗,我做了低糖版本,吃起比較沒有負擔,
但一樣酥脆可口,其中核桃的香氣有減膩效果,
讓整體口感變得沒那麼甜膩,只留下了滿滿堅果和巧克力的香氣。

INGREDIENTS
材料 ────

無鹽奶油 50g	全蛋蛋液 22g
二砂糖 18g	
細砂糖 18g	1/8 核桃碎 35g
	50% 巧克力 20g
中筋麵粉 55g	70% 黑巧克力 20g
玉米粉 3g	水滴巧克力 10g
泡打粉 1g	
小蘇打粉 0.5g	
鹽 1g	

TIPS 巧克力可以只用一種現有的取代，也可以依照自己喜歡的口味調整比例，巧克力 % 數愈高愈苦，反之則愈甜，使用水滴巧克力，烤完之後會有脆脆的口感，若喜歡酥脆口感，全部使用水滴巧克力也沒有問題唷！另外，喜歡巧克力的人，想要多放一點也是可以的。

PREPARATION
事前準備 ────

1. 無鹽奶油放置室溫至稍微回軟，用刮刀可以壓扁的狀態即可，不用到很軟。

2. 全蛋蛋液事先打散、秤好，放置室溫退冰至常溫。

METHODS
作法

  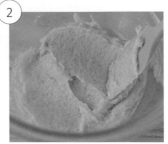

稍微回軟的無鹽奶油用刮刀壓扁拌軟,加入細砂糖、二砂糖,攪拌均勻。

攪拌均勻即可,此時無法攪拌到糖完全融化,這樣的狀態就可以了。

所有粉類材料,仔細過篩到奶油中,用切拌方式攪拌均勻。

拌好後會是這樣粗糙的狀態。

蛋液分兩次加入,並以刮刀攪拌均勻。

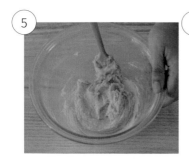  

拌勻後,加入剩餘的核桃、巧克力,攪拌均勻,這時狀態還很黏手,蓋上保鮮膜,冷藏約 30 分鐘。

冷藏 30 分鐘後，麵糊變得比較硬，用湯匙挖出秤重，搓成每顆 30g 的圓球，將圓球平均放在烤盤上。

蓋上保鮮膜，將餅乾圓球壓扁成圓片狀，不要取下保鮮膜，直接放入冷藏 30 分鐘。

冰過後，放入預熱 160 度的氣炸烤箱，烤約 13 ～ 15 分鐘，至呈現需要的金黃色即可。

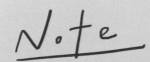

Note

1. 這款餅乾糖量已減少很多，捏成球狀時進烤箱無法自行攤平，因此要先壓扁。

2. 最後冷藏的步驟可以讓烤出來的裂紋比較好看，不建議省略。

3. 糖量已經減少很多了，再少的話烤出來的餅乾會很乾喔，不建議再減少。

4. 核桃碎可以用整顆的再自行切碎。

5. 這款餅乾因爲糖量減少需要壓扁再烤的關係，吃起來沒有很軟心，喜歡軟心口感的話可以不要壓那麼扁，或是球狀去烤也可以，但是烤出來就會是偏球狀，而不是扁平狀。

酥脆燕麥餅乾
CRISPY OATMEAL COOKIES

酥脆的餅乾中，
加上喜歡的燕麥和穀物、果乾，
就是一款會一直想吃的涮嘴餅乾。

> 份量｜ 6 片燕麥餅乾

INGREDIENTS
材料 ————

無鹽奶油 45g
細砂糖 20g
二砂糖 20g
全蛋蛋液 20g
中筋麵粉 50g
泡打粉 1g
鹽 0.5g
綜合燕麥片 40g
（也可以是燕麥片＋喜歡的果乾、
巧克力，內容可自行調配。）

PREPARATION
事前準備 ————

將無鹽奶油和全蛋液放置室溫退冰。

METHODS
作法

① 軟化的無鹽奶油以刮刀稍微拌勻。

② 接著加入細砂糖和二砂糖，拌勻即可，砂糖不用拌到融化，也不必拌至發白。

③ 中筋麵粉、泡打粉和鹽，過篩至奶油中。

METHODS
作法

刮刀以切拌方式大致拌勻，看不見白白的麵粉即可停手。

全蛋蛋液加入麵糊翻拌均勻，直至麵糊吸收完蛋液即可。

倒入綜合燕麥片，翻拌均勻，此時狀態很濕黏，包上保鮮膜放進冰箱冷藏約 20 ～ 30 分鐘。

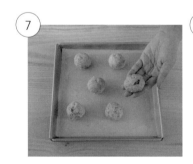

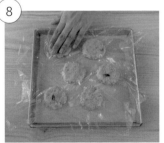

取出冷藏過的麵糊，此時已經沒那麼濕黏了，分成每顆 30g，搓成圓球，放在鋪了烘焙紙的烤盤上。

蓋上保鮮膜，將麵糊壓扁，再放進冰箱冷藏約 30 分鐘。30 分鐘後取出，放進預熱好的烤箱，160 度烤 15 ～ 17 分鐘，烤至金黃色沒有泛白即可，如果比較厚，時間要延長一些。

Note

1. 這款餅乾糖量已減少很多,捏成球狀時進烤箱無法自行攤平,因此要先壓扁。

2. 最後冷藏的步驟可以讓烤出來的裂紋比較好看,不建議省略。

佛羅倫提杏仁脆餅

ALMOND FLORENTINES

酥鬆的餅單底鋪上厚厚一層焦糖杏仁，
如牛軋糖般香濃好吃，顏色和口感都十分美味，
是送禮的好選擇。

> **份量｜** 1 盤約 23×23cm ／
> 切開約 2×7cm，22 片

INGREDIENTS
材料 ———————

〔材料 A〕（餅乾底材料）：
無鹽奶油 65g
細砂糖 40g
鹽 0.5g
全蛋蛋液 20g
低筋麵粉 100g
杏仁粉 20g
泡打粉 0.5g

〔材料 B〕（焦糖杏仁材料）：
鮮奶油 45g
細砂糖 70g
蜂蜜 40g
無鹽奶油 30g
鹽 0.5g
中厚杏仁片 110g

PREPARATION
事前準備 ———————

1. 以烤盤為模型，將烘焙紙兩邊向內
   折，接著兩端向內折，完成可包裹
   餅乾麵團的 24×24cm 大小，大小
   要比烤盤本身長寬各多 1cm，焦糖
   杏仁烤的時候才不會沾黏到烤盤，
   導致難以脫模。

2. 材料 A 的無鹽奶油放置室溫退冰至
   軟化。
3. 材料 A 的全蛋蛋液事先打散、秤好，
   放置室溫退冰至常溫。

METHODS
餅皮作法

①

在軟化完成的無鹽奶油中加入
細砂糖，並用刮刀攪拌至砂糖
都包覆在奶油中即可。

METHODS

餅皮作法

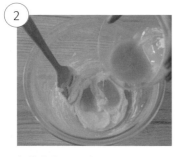

打散的全蛋蛋液,分 3 ～ 5 次加入,以刮刀攪拌均勻至蛋液吸收卽可,不要過度攪拌,直到蛋液用完。

低筋麵粉、杏仁粉、泡打粉,均勻過篩進來,若篩網孔洞較細,篩不過的杏仁粗粒最後直接倒進去。

以刮刀將麵粉切拌均勻,直到看不見粉類,不要過度攪拌以免拌入太多空氣。

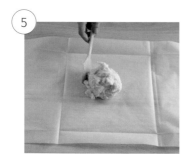

麵團放到折好的烘焙紙中,包起來用手掌稍微壓平。

用桿麵棍,將麵團桿平,厚度約爲 4mm 左右,可使用有刻度的桿麵棍。

多餘的麵團往四周桿平,即可得到方正的餅皮,平放在烤盤背面,一起放入冷藏約 30 分鐘。

餅皮冷藏至變硬後,餅皮繼續冷藏,取出烤盤,在烤盤噴烤盤油或抹上沙拉油,然後鋪上與烤盤一樣大小的烤盤布,用刮板刮平,將空氣推出來。

TIPS 用烘焙紙的話,烤完表面可能會有許多坑洞與不平,建議用烤盤布。

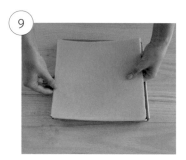

取出冰過的餅皮,撕掉烘焙紙平放在烤盤上,一開始可能很硬,不可硬壓以免破裂,用手的溫度使其稍微回軟就可以比較好鋪平,餅皮尺寸刻意做得比烤盤大一些,讓四周稍微高一點,防止焦糖杏仁沾黏到烤盤。

在餅皮上用叉子平均戳洞,防止烤的時候餅皮隆起,戳完放到冰箱冷凍 15 分。

放入預熱 170 度的氣炸烤箱中,烤 12 ～ 14 分,表面呈微金黃色即可,放置架上放涼。

METHODS

焦糖杏仁作法

除了杏仁片,將所有材料放入鍋中,移至瓦斯爐以小火加熱。

加熱過程不需經常攪拌,稍微轉動鍋子即可,加熱直到呈現琥珀般的焦糖色澤即可關火。

熄火後立刻加入杏仁片快速攪拌均勻,不要拌太久,盡量 10 秒內拌完。

迅速將焦糖杏仁倒在餅皮上,以抹刀往四周抹平,熄火後焦糖會很快硬化,動作一定要非常快,否則還沒抹平可能就變硬了喔!

均勻抹平後，就直接放進預熱好 170 度的氣炸烤箱中，烤大約 13 ～ 15 分鐘，中途可以觀察色澤，若有不均勻可以對調一下烤盤方向，直到烤出漂亮的焦糖表面即可。

出爐後，稍微放置 3 ～ 5 分鐘，接著以小刀將四周劃過一遍，讓焦糖和烤盤分開，並鋪上烘焙紙和砧板翻轉過來。

翻轉過來後，趁還微溫時切會比較好切，放涼以後變硬會比較難切開，也容易斷裂，切成喜歡的大小就可以了。

Note

1. 做好的餅乾放涼後，密封保存並加入乾燥劑，可保存一個月以上。

2. 杏仁建議用中厚杏仁片，抹平時比較不易斷裂，成品才會完整漂亮。

3. 抹平焦糖杏仁片的時候動作一定要非常快，否則焦糖會很快凝固硬化。

4. 使用的烤盤若大小不同，不是差很多的話配方不需更改，影響的只有些微的餅乾厚度不同而已。

低糖蔓越莓核桃餅乾

份量| 12 ～ 15 片
核桃餅乾

LOW-SUGAR CRANBERRY WALNUT COOKIES

此款餅乾是低糖度的硬脆型餅乾，
餅乾本身不太甜，但一口咬下，蔓越莓的甜度會慢慢在口中釋放，
加上核桃香氣，非常適合嘴饞又希望低糖的你。

INGREDIENTS
材料 ————

〔**材料 A**〕
三溫糖 25g
杏仁粉 20g
低筋麵粉 50g
泡打粉 1g
肉桂粉 0.5g

> TIPS 此款餅乾爲低糖食譜，所
> 以使用三溫糖，味道比一
> 般白砂糖好，若沒有三溫
> 糖，可改用一般細砂糖或
> 二砂糖，糖量改成 30g。

〔**材料 B**〕
全蛋蛋液 25g
無鹽奶油 50g

〔**材料 C**〕
核桃 25g
蔓越莓果乾 35g

PREPARATION
事前準備 ————

1. 室溫雞蛋打散後，秤出需要的量備用。

2. 核桃和蔓越莓果乾，切碎成約 1cm 大小。

3. 核桃以 170 度烘烤 5 分鐘，放涼備用。
   （本步驟非必要，但事先烤過會更香）

4. 無鹽奶油，微波至溶化，放涼備用。

METHODS
作法

材料 A 的粉類材料，全數過篩一遍，並用打蛋器攪拌均勻，杏仁粉和三溫糖因顆粒較大，建議使用粗一點的篩網。

材料 B 另外混合均勻，奶油需放涼後再使用。

將一半的材料 B 倒進材料 A，以刮刀稍微切拌一下，還能看見粉類沒關係。

把材料 C 的核桃和蔓越莓果乾倒入，一樣以刮刀稍微切拌一下即可。

果乾和核桃混入麵團後，倒入剩下的材料 B，翻拌至看不見粉類。

此時的餅乾麵團非常軟黏，先用保鮮膜包起，放置冰箱冷藏 1 小時。

冷藏後變硬的麵團移到烘焙紙上，用手擠成長條形。

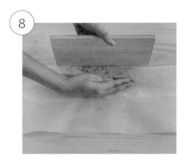

使用平坦的小木板或砧板作為工具，一邊推，一邊將麵團轉方向，也可在桌面上利用小木板往下輕壓，多重複幾次，即可得到方正的餅乾麵團。

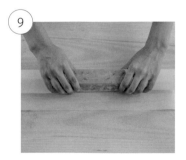

一邊整形時，可一邊將麵團的兩側往內推，否則邊緣會愈來愈細。整形成長條方形後，將烘焙紙兩端折起（但不要擠壓到餅乾麵團），連同小木板作為底盤，一起放進冰箱冷凍約 15 ～ 20 分鐘直至變硬。

餅乾麵團冷凍至變硬後，取出切成 0.7 ～ 1cm 厚度，平均擺在烤盤上，並以預熱好 160 度的氣炸烤箱，烤約 12 ～ 14 分鐘。

TIPS 餅乾麵團若整形時過軟，可以繼續放冰箱冷藏 10 分鐘再取出操作。

烏瓦高地紅茶餅乾
UVA HIGHLANDS BLACK TEA COOKIES

份量｜ 12 ～ 13 片餅乾

充滿濃郁茶香的烏瓦高地紅茶餅乾，
是非常適合配咖啡和茶的小點心，
材料裡混合了茶粉和茶葉，香氣可釋放的更完整。

INGREDIENTS
材料 ————

無鹽奶油 50g
糖粉 22g
全蛋蛋液 4g
杏仁粉 15g
烏瓦高地紅茶茶葉 1.5g
低筋麵粉 60g
紅茶粉 2g

PREPARATION
事前準備 ————

1. 室溫雞蛋打散後，秤出需要的量備
   用。

2. 無鹽奶油放置室溫退冰備用。

METHODS
作法

杏仁粉和茶葉，顆粒較粗且沒
有結塊問題，先放進碗裡，以
打蛋器攪拌均勻。

METHODS
作法

無鹽奶油軟化至用手指能輕易按出一個凹洞後，用刮刀稍微拌軟。

在無鹽奶油中篩入糖粉，並以刮刀拌勻。

將全蛋蛋液一次加入奶油中，以刮刀拌勻。

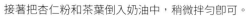

接著把杏仁粉和茶葉倒入奶油中，稍微拌勻即可。

最後將剩餘的低筋麵粉和紅茶粉篩進去，以刮刀切拌均勻。

拌好的麵團還很軟，蓋上保鮮膜，冷藏 1 小時。

待麵團冷藏至變硬，取出放在烘焙紙上，用雙手推壓成長條形。

接著利用小木板或砧板將麵團整理成平整的長條方形後，（參照 p149 製作方式）再以捲報紙的手勢，雙手來回在紙上輕搓，就能輕易搓成圓條狀。

TIPS 先整理成方形再捲成圓形的話，可以確保整條的圓徑一致，直接捲容易大小不一，做出來的餅乾會有大有小。

兩端輕輕折起封口，不要壓迫到麵團的形狀，連同小木板當底襯，放進冰箱冷凍約 15 ～ 20 分鐘至變硬。

餅乾變硬後，切成約 0.5cm 厚度，平均擺在烤盤上，並以預熱好 160 度的氣炸烤箱，烤約 8 ～ 10 分鐘。

造型壓模餅乾
HOMEMADE MOLDED COOKIES

份量｜ 1 片 26×21cm 餅乾麵團／
12 ～ 15 片餅乾

基礎的壓模餅乾，能做出各種不同造型，
單吃就很可口，還能加工做成糖霜餅乾哦！

INGREDIENTS
材料 ———————

無鹽奶油 52g
糖粉 25g
鹽 0.5g
全蛋蛋液 25g
鮮奶 5g
低筋麵粉 110g
高筋麵粉 一小碟

PREPARATION
事前準備 ———————

1. 室溫雞蛋打散後，秤出需要的量備
   用。

2. 無鹽奶油放置室溫退冰備用。

3. 裁一張烘焙紙，將四邊往內包覆折
   起後，大小約為 26×21cm。

METHODS
作法

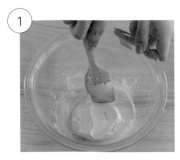  

奶油軟化後，以刮刀稍微拌軟，再加入糖粉和鹽拌勻。

METHODS
作法

拌勻後，分三次加入室溫蛋液，以刮刀拌勻，直到蛋液體完全吸收。

低筋麵粉分兩次過篩到奶油糊中。

以刮刀切拌至八分均勻即可倒入剩餘麵粉，第一次倒入的麵粉不必拌到完全看不到麵粉，避免攪拌過久出筋，第二次倒入麵粉後，再拌勻至看不見麵粉即可。

 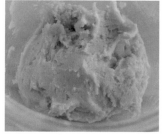

看不見麵粉後，倒入鮮奶，再繼續拌勻至鮮奶吸收即可停止。拌好的麵團表面會較爲黏手，且爲霧面沒有光澤，若表面油亮泛光，表示麵團出油，應是奶油溫度太高或攪拌過久。

麵團移到烘焙紙上，將紙的兩邊往內折，用手掌稍微壓兩下壓平，不要壓過久，因爲手的溫度可能使麵團出油，接著再把烘焙紙上下兩端折起。

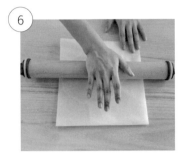

將麵團翻過來，開口朝下，用桿麵棍將麵團桿平，除了往上下桿，也可以往四個角桿，直到麵團桿成平整狀態，再輕輕移到平坦的板子上，放入冰箱冷凍 15 分鐘。

TIPS 麵團冷凍前，一定要在下面墊平坦的板子，否則冷凍後的麵團會凹凸不平。

麵團冷凍至變硬後，取出打開，倒扣在另一張烘焙紙上，把原本的紙撕下，不這樣做，餅乾壓完可能黏在原本的紙上，導致拿起餅乾時破裂。

準備高筋麵粉，防止麵團沾黏在餅乾模上。建議麵粉放在平坦的碟子裡，每次使用餅乾壓模前，確實沾滿粉後，先敲掉多餘粉末，才不會讓壓完的餅乾表面都是粉。

麵團從冰箱取出，靜置幾分鐘回軟，再開始壓模，剛取出的麵團太硬，若用力壓麵團會破裂，紋路也上不去哦！

壓完餅乾四周後直接提起，不要壓中間的彈簧鈕，移至一旁，再均勻施力按壓紋路，按壓時餅乾模要緊貼桌面。如果在原處按壓，餅乾麵團可能會黏在紙上，提起時就會破裂。

壓完後，在鋪了洞洞烤盤墊的烤盤上，略高於桌面處按壓，將餅乾推出來，餅乾之間要留出間距。

壓完的餅乾，直接放進預熱好 140 度的氣炸烤箱中，烤約 10 ～ 12 分鐘，這款餅乾不需過度上色，因此使用溫度比較低，烘烤至稍微有點鵝黃色的程度就可以了，這樣按壓的紋路才會好看。

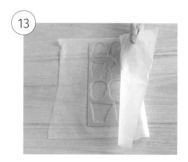

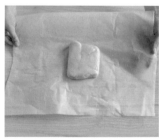

剩餘麵團，用烘焙紙折成團，重複桿成 0.4cm 厚，放至冷凍就可再次使用。

酥鬆曲奇餅乾
HOMEMADE COOKIES

份量 | 20 個曲奇餅乾

口感酥鬆的曲奇餅乾，
咬下會在嘴裡鬆化散開，添加了全麥粉口感更爲香濃，
一再調整過的配方，將更爲順手好擠。

INGREDIENTS
材料 ————

* 原味	* 抹茶	* 咖啡
〔材料 A〕	〔材料 A〕	〔材料 A〕
低筋麵粉 66g	低筋麵粉 65g	低筋麵粉 64g
全麥粉 22g	全麥粉 20g	全麥粉 20g
玉米粉 33g	玉米粉 33g	玉米粉 33g
奶粉 13g	奶粉 13g	奶粉 13g
	無糖純抹茶粉 3g	無糖咖啡粉 3g
無鹽奶油 100g		
糖粉 27g	無鹽奶油 100g	無鹽奶油 100g
鹽 1g	糖粉 30g	糖粉 32
香草籽醬 少許		

PREPARATION
事前準備 ————

1. 無鹽奶油放置室溫退冰備用。
2. 準備好擠花袋和擠花嘴,擠花袋選用加厚款,擠
出來的形狀會更好掌握,擠花嘴使用 8 齒中型花嘴
(SN-7093 /或市面上的 8 齒曲奇花嘴,本書使用
的是圖片左邊的 8 齒曲奇花嘴,無特殊型號,搜尋
8 齒曲奇花嘴就可以買到,擠出來形狀上有稍微差
異,無限定使用款式型號。)

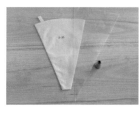

METHODS
作法

材料 A 一起過篩一遍，過篩完後再用叉子或打蛋器攪散均勻備用。

無鹽奶油室溫軟化後，以手持攪拌機稍微打軟（約 10 秒左右），至可用刮刀輕輕抹開的狀態。

糖粉篩入奶油中，加入鹽，用刮刀稍微把糖粉拌進奶油，避免打發時糖粉亂飛。

以手持攪拌機將奶油和糖粉打發，打至稍微泛白（約 30 ～ 45 秒即可），打完的奶油霜質地為輕盈滑順。

TIPS 這一步不需要打很久，因為打太久麵團會變得較硬，也會難以擠出。

加入少許香草籽醬或香草粉，用手持攪拌機稍微拌勻。

過篩好的粉類材料 A，分兩次加入奶油霜中，刮刀以切拌方式稍微拌勻，大部分的粉有吸收進去即可，先不用拌到很均勻。

再將剩餘的麵粉倒入，一樣以切拌方式拌勻，拌到開始有阻力，看不到明顯的粉類就可以了。

麵團放入擠花袋中，用刮板把麵團往內推，在鋪了烤盤布的烤盤上，一手握緊擠花袋，一手扶住花嘴上方，保持垂直擠花，一邊擠一邊慢慢往上抬高，再將花嘴往擠好的餅乾中心點輕壓即可，若沒有輕壓一下，餅乾可能會黏住擠花嘴。

擠好的餅乾，連同烤盤一起冷凍 45 分鐘以上，烤的時候才能保留紋路而不坍塌。

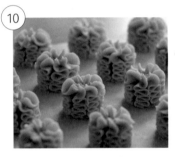

冷凍完成後，放入預熱好的氣炸烤箱，150 度烤約 20 分鐘。

Note

1. 這款餅乾要好吃，一定要使用發酵奶油，且不能省略全麥粉，加了全麥粉香氣和口感差異非常明顯，可以的話，使用好一點的奶粉而非一般材料行的普通奶粉，奶香味會更濃郁。

2. 若擠的形狀不好看，可以鏟起來放回擠花袋重擠一次。

3. 抹茶口味和原味曲奇餅乾做法相同，在材料 A 中加入抹茶粉，並省略香草籽醬和鹽即可。

4. 咖啡口味和原味曲奇餅乾做法相同，在材料 A 中加入咖啡粉，並省略香草籽醬和鹽即可。

CHAPTER

6

小點心篇

香草卡士達閃電泡芙

VANILLA CUSTARD ÉCLAIRS

泡芙做成長條狀後切開，擠入濃郁的卡士達鮮奶油，
不僅上相且十分好吃，可依照喜好做成長條形或圓形，
冷凍後室溫退冰幾分鐘吃，可保有外殼酥脆口感。

份量 | 7 ～ 8 條泡芙

INGREDIENTS
材料 ————

酥脆杏仁糊材料：
蛋白 10g
細砂糖 10g
低筋麵粉 2g
杏仁角 25g

泡芙殼材料：
〔材料 A〕
鮮奶 24g
飲用水 24g
無鹽奶油 22g
細砂糖 4g
鹽 1g

全蛋蛋液 50g
低筋麵粉 27g

PREPARATION
事前準備 ————

1. 前一天先做好卡士達醬，冷藏一晚，隔天再混合鮮奶油。（參照 p40 卡士達作法）

2. 第二天先做酥脆杏仁糊，再做泡芙殼，最後擠卡士達鮮奶油。

3. 雞蛋放置室溫退冰後，打散秤出需要的量備用。

4. 低筋麵粉過篩備用，可在碗和篩網中間墊廚房紙巾，方便將粉快速倒進去不會在碗裡殘留，也比較不會手忙腳亂。

METHODS
酥脆杏仁糊作法

1

2

3

在蛋白中加入細砂糖，並以打蛋器攪拌，攪拌至砂糖融化即可。

低筋麵粉過篩進蛋白中，並攪拌均勻，變成滑順的淺白色麵糊。

杏仁角全部倒入，攪拌均勻，包上保鮮膜備用。

METHODS
作法

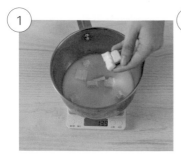

1. 將材料 A 全部秤到鍋中。

2. 以中小火煮沸，沸騰後關火。

3. 關火後，將過篩好的低筋麵粉倒入，並以耐熱刮刀攪拌。

4. 攪拌一下就好，水分會立刻被麵粉吸收，這樣就可以開中小火繼續攪拌。

5. 用中小火繼續將麵團壓拌均勻，直至看不見白粉，動作盡量快一點。

6. 直到鍋底出現一層薄膜，即可關火。

7. 關火後，將麵團倒進另一個碗中，繼續壓拌約 1 分鐘讓麵團溫度降低，1 分鐘後底部摸起來約是一杯熱可可的溫度，不會很燙手即可，一定要降溫否則蛋液倒進去會熟化變成蛋花麵糊，但也不要降溫過頭，這樣乳化過程會失敗。

⑧

開始倒入蛋液,並攪拌至吸收完全。一次只倒入一大匙的量,不要倒太多,以免麵糊無法吸收,導致乳化過程失敗。

⑨

分次倒入蛋液,持續拌勻,直到鏟起一坨麵糊,3秒內大部分麵糊會順著刮刀往下掉,剩餘的麵糊會呈現一個倒三角形的狀態,就可以不用繼續倒蛋液。

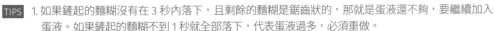

TIPS　1. 如果鏟起的麵糊沒有在3秒內落下,且剩餘的麵糊是鋸齒狀的,那就是蛋液還不夠,要繼續加入蛋液。如果鏟起的麵糊不到1秒就全部落下,代表蛋液過多,必須重做。

2. 蛋液不需全部用完,正常情況應該會剩下一些,如果用了很多蛋液才達到狀態,表示攪拌動作太慢,導致麵糊降溫過頭,在冷卻後吸收太多蛋液。

⑩

拌好的麵糊,裝進放好花嘴的擠花袋中,使用的是18齒花嘴(SN7142),烤出來線條比較多比較好看,也可用圓形花嘴。

在鋪好烤盤布的烤盤上，擠出一條約烤盤一半大小長度的麵糊，擠的時候力道要均勻，不要忽胖忽瘦，尾端停止擠壓，稍微往上提並往內收口，有點尖尖的翹起來沒關係。

TIPS 每條麵糊間距至少 2 ～ 3cm 以上，避免因烘烤膨脹，變成連體嬰，兩排之間可交錯，若最後的麵糊不足一條，擠成小圓型也沒問題。

擠完麵糊，用手指沾一點水，把翹起來的尖端輕輕壓下，表面噴一點水，以防膨脹時表面太乾導致形狀不受控制。

接著將杏仁糊均勻放在麵糊表面，食譜提供的份量應該剛好用完，所以可豪邁地放，烤的時候會膨脹平均分散。

送入預熱好的氣炸烤箱下層，以 160 度烤 25 分鐘，再以 140 度續烤 10 分鐘，烤完後在烤箱裡悶 10 分鐘，全程不要打開烤箱，否則泡芙可能會扁塌。

TIPS 1. 如要繼續烤第二批，可以 160 度烤 25 分鐘，再以 140 度續烤 15 分鐘出爐，接著烤下一批。

2. 若擠的大小形狀不同，烤溫會需要額外調整，泡芙愈大要烤愈久。

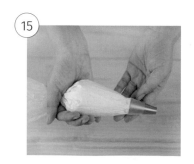

卡士達鮮奶油放入有花嘴的擠花袋中，這裡使用的花嘴是圓形花嘴（SN7067）。

放涼的閃電泡芙從側面切開。

先在泡芙底部擠入卡士達鮮奶油,把泡芙洞補平,接著再擠上一個一個的小圓球。

蓋上泡芙蓋子後,表面灑上防潮糖粉卽可。

Note

1. 泡芙擠入內餡後,需密封冷凍保存,若放冷藏的話泡芙殼會吸收內餡水分而軟掉。

2. 烤好但還沒有擠餡的泡芙,可以密封冷凍保存,要擠餡前放回烤箱以 160 度烤 5 分鐘卽可恢復酥脆。

檸檬達克瓦茲
LEMON DACQUOISES

好吃的達克瓦茲夾入酸甜檸檬內餡，
嚐起來的酸甜像夏天般平衡的剛剛好，
做好後密封冷凍，想吃的時候隨時可以來一顆。

<table>
<tr><td>份量┃大片約 10 ～ 12 片</td></tr>
<tr><td>小片約 22 ～ 24 片</td></tr>
</table>

INGREDIENTS
材料 ─────

達克瓦茲殼材料：
杏仁粉 27g
低筋麵粉 7g
糖粉 15g

蛋白 35g
細砂糖 15g

PREPARATION
事前準備 ─────

1. 事先製作好萬用檸檬餡（參照 P58），並冷藏 4 小時以上備用。

2. 準備好平底烤盤，並噴一層薄薄 的油，鋪上烤盤布。

METHODS
作法

①

碗裡鋪上一張廚房紙巾，再放 上孔洞較粗的篩網，將所有粉 類放進去過篩，過篩完用打蛋 器攪拌均勻備用。

METHODS
作法

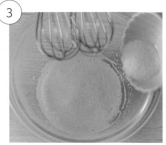

蛋白用手持攪拌機打發，先打至起粗泡的狀態，再加入三分之一細砂糖。

繼續打發至泡沫變小，粗泡消失，這時再加入三分之一細砂糖。

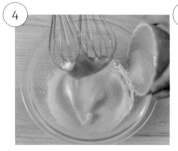

繼續打至蛋白開始濃稠，且有小堆疊狀，加入剩餘細砂糖。

打發至提起攪拌機為堅挺狀態，這時候倒入過篩好的粉類。

以切拌和翻拌方式，將麵糊拌至看不見粉類即可，不要過度攪拌以免消泡，拌好的麵糊表面較粗糙且不會流動是正常的，如果拌到光亮且會流動則表示消泡了。

麵糊輕輕裝入擠花袋中。

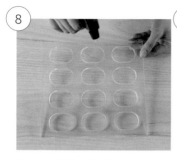

達克瓦茲模內緣噴一些水,這樣取出模具時,比較好脫模,麵糊邊緣也會比較完整。

擠花袋剪一個洞,把麵糊擠入模具,底部邊緣都要確實擠到。

用刮刀或刮板,抹平並刮除多餘麵糊。

拿起模具後,表面均勻撒上糖粉,撒完等待約 3 分鐘,讓麵糊吸收糖粉,3 分鐘過後,再撒上一層糖粉,這樣烤出來表面才會有糖珠。

輕輕拿起模具,若無法一次拿起,可稍微往下震幾下,但不要左右搖晃。

撒完兩次糖粉後,放入預熱 180 度的氣炸烤箱,進爐後改爲 160 度,大片的烤 12 ～ 14 分鐘,小片的烤 10 ～ 12 分鐘。

TIPS 如果使用一般尺寸的達克瓦茲模,因無法直接放入烤盤,可以將烤盤布放在桌上進行擠麵糊和刮除的動作,完成後再小心提起放入烤盤。

取出冷藏 4 小時以上的檸檬餡
（ 參照 p58 檸檬餡作法 ），檸
檬餡冷藏後偏硬，用抹刀或刮
刀稍微拌軟再使用，不用退冰，
取出拌一下直接用，退冰會變
更軟，無法擠花。

拌軟後直接放入擠花袋，花嘴
型號是 SN7093，可使用現有或
個人喜好的花嘴即可。

在冷卻後的達克瓦茲殼上擠滿檸檬餡，蓋起來，這樣就完成了！

Note

1. 達克瓦茲做好後，要密封冷凍保存，冷藏會導致外殼吸收內餡濕氣而變濕軟，要吃的時候
拿出來稍微退冰就可以吃了。

美式經典比司吉
AMERICAN STYLE BISCUITS

份量│5 個比司吉

比起紮實的司康，
我更喜歡比司吉的外層香脆內裡鬆軟不噎口，
剛出爐熱熱的搭配果醬或蜂蜜，就是最美味的下午茶點了。

INGREDIENTS
材料

無鹽奶油　60g
中筋麵粉　140g
細砂糖　5g
鹽　1g
泡打粉　4g
小蘇打粉　1g
原味優格　90g

蛋液　15g（刷外層用）

METHODS
作法

無鹽奶油切成約 1cm 的小方塊狀，放進冰箱冷凍至變硬。

METHODS
作法

除了優格和奶油以外的所有粉類
材料，一起過篩一遍，並用打蛋
器攪拌均勻。

將冷凍變硬的奶油塊倒入過篩好的粉類中，用打蛋器以垂直的方向
上下敲打，利用打蛋器將奶油塊打碎。

打到麵粉結合部分奶油，變得
略帶泛黃，摸起來如奶粉般質
地，奶油塊不需完全打碎，保
有一些小顆粒沒關係，吃起來
才會有層次。

倒入優格，以切拌方式拌勻。

拌至如圖中一塊一塊的即可，
若拌太久或壓的太緊實，吃起
來會太紮實不夠鬆軟。

麵團分成 60g 一球，一手以虎口握成 C 字形，一手四指在下，大拇指在上，將麵團輕輕捏成圓餅型，不可大力揉捏或壓緊實，只要輕捏能夠成型即可。

麵團不用壓很實，烤出來才會有層次，壓好的麵團放進預熱好 170 度的氣炸烤箱，烤約 10 分鐘。

烘烤 10 分鐘後，表面稍微上色即可取出，刷上一層蛋液，續烤 5 ～ 10 分鐘，直到呈金黃，且表面冒泡的油變少即可出爐。

Note

1. **Q：**為什麼要將奶油冷凍？

   奶油如果沒有先冷凍，拌起來會是較均勻的麵團，口感紮實不鬆軟；而做法中保留的小塊奶油，可在麵團中將麵粉隔開，製造出層次，烤出來口感才會酥脆。

2. **Q：**為什麼要用中筋麵粉？

   一般司康使用的通常是低筋麵粉，製作過程較為繁複，且吃起來較為紮實，比司吉使用的是中筋麵粉，為美式速成麵包做法，不需發酵但能吃到鬆軟內裡，製作時間亦縮短許多。

3. **Q：**為什麼我用了中筋麵粉，做出來還是很硬不鬆軟？

   奶油沒有冰到很硬，在麵粉中融化了；或是加入優格後攪拌過久出筋；抑或在手上反覆像捏黏土一樣揉捏，都會導致出筋使口感變硬。

藍莓乳酪馬芬
BLUEBERRY CREAM CHEESE MUFFINS

份量 | 4 個馬芬

在馬芬麵糊裡加入奶油乳酪和整顆藍莓，
濕潤的口感一吃就愛上，也可替換成喜歡的各種莓果，
隨喜好變化出好吃的馬芬。

INGREDIENTS
材料 ─────────

無鹽奶油 70g

糖粉 65g

全蛋 1 顆（約 50g）

低筋麵粉 75g

泡打粉 2g

奶油乳酪（混進麵糊用） 50g

奶油乳酪（每塊切成 5g） 共 20g

新鮮藍莓或冷凍藍莓 12 ～ 15 顆

PREPARATION
事前準備 ─────────

雞蛋和無鹽奶油、及奶油乳酪放置室
溫退冰備用。

METHODS
作法

① 無鹽奶油室溫軟化後，以刮刀稍微拌軟。

② 糖粉過篩進奶油中，並以刮刀拌至均勻。

室溫雞蛋打散，倒入約一大匙蛋液，拌勻讓奶油完全吸收進去後，再倒第二次，切記不要一次倒太多，以免奶油吸收不了，導致乳化失敗，重複動作，直到蛋液用完為止。

低筋麵粉和泡打粉，分兩次過篩到奶油糊中，並以切拌方式拌至大部分的粉粒看不見為止，第一次倒粉還能看見一點點粉沒關係。

過篩剩餘麵粉，並拌勻至看不見麵粉的滑順狀態。

將放在室溫的奶油乳酪，以刮刀拌軟，建議放置室溫變軟，不要加熱，以免溫度沒掌控好讓麵糊的奶油融化。

挖一瓢奶油麵糊，倒進奶油乳酪中一起拌勻。

再倒回奶油麵糊中，全部一起拌勻，麵糊就完成了，然後將麵糊裝入擠花袋。

每一個馬芬杯裡先擠入 40g 麵糊。

將擠好的馬芬放在烤盤中，送入預熱 170 度的氣炸烤箱，烤約 20 ～ 25 分鐘，如果表面還有點白白的繼續烘烤，直到表面呈金黃色為止。出爐放涼後，表面刷點稀釋的杏桃果膠即可。

放入藍莓，注意藍莓不要放在杯緣附近，以免烤出來杯子被染成藍藍的，接著放入切成一塊 5g 的奶油乳酪。順序不受影響，先放哪個都可以，之後再擠上每杯 30g 的麵糊即可。

Note

1. 如果喜歡表面有點藍莓忽隱忽現，可以最後再將藍莓裝飾在表面。

2. 還沒烤過的馬芬，可以密封冷凍保存，要吃的時候再烤。

咖啡核桃馬芬

COFFEE WALNUT MUFFINS

OREO'S
SWEETSMACHI

從烤箱裡飄來陣陣咖啡香氣，
內裡有著綿密濃郁的苦甜滋味，
和著齒間咬碎的堅果，是咖啡控最喜歡的美味。

份量｜ 4 個直徑 5.5✕ 高 4cm 馬芬

INGREDIENTS
材料 ————

無鹽奶油 45g
糖粉 80g
全蛋蛋液 36g

〔材料 A〕
低筋麵粉 70g
杏仁粉 10g
泡打粉 2.5g
無糖咖啡粉 3g

鮮奶 22g
核桃碎 50g

PREPARATION
事前準備 ————

1. 將無鹽奶油、雞蛋放置室溫退冰備
   用。

2. 準備好擠花袋（一般款即可）。

3. 核桃切碎成 1cm 大小。

METHODS
作法

無鹽奶油室溫軟化後，以刮刀　糖粉過篩到奶油中，將糖粉和奶油拌勻。
稍微拌勻。

METHODS
作法

一次加入一點全蛋蛋液，以刮刀攪拌至蛋液吸收即可停止，分 3 ～ 5 次加入。

除了鮮奶及核桃以外的所有粉類材料 A，先過篩一半的量至奶油糊中，以刮刀切拌至看不見麵粉。

大致拌勻後，剩餘的粉類繼續過篩至麵糊中，切拌均勻但不要過度攪拌。

⑥ 鮮奶分兩次倒入，倒入拌勻。

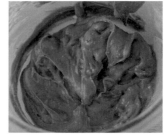

⑦ 倒入 40g 核桃碎，稍微拌勻即可裝入擠花袋，留下 10g 核桃碎最後鋪在表面。

⑧ 擠花袋剪出較大的開口，以免核桃卡住，每模擠入約 75g。

⑨ 平均鋪上剩餘碎核桃，放入預熱好的氣炸烤箱，170 度烤約 18 ～ 20 分鐘。

Note

1. 使用的奶油和雞蛋一定要是室溫狀態，否則拌勻過程中可能會油水分離。

2. 核桃在使用前先以 170 度烘烤 5 分鐘，香氣會更突出。

焦香奶油費南雪
BROWN BUTTER FINANCIERS

衆多蛋糕小點心裡，費南雪是我十分熱愛的其中一種，
與磅蛋糕和瑪德蓮最大不同處，就是用了焦化奶油，
讓奶油香氣直接提升一個層次，蛋糕也非常濕潤，值得一試！

份量 │ 6個長15× 寬2.5cm
費南雪

INGREDIENTS
材料 ─────────

無鹽奶油 55g（焦化完成後過濾取 38g 使用）
蛋白 70g
蜂蜜 5g

〔**材料 A**〕
低筋麵粉 20g
杏仁粉 25g
泡打粉 0.3g
糖粉 50g

METHODS
作法

① 將 55g 無鹽奶油放入鍋中，小火加熱，一邊攪拌，以防奶油噴出。

② 持續小滾加熱狀態，直至呈現琥珀般金黃至焦黃色澤，顏色不要太深以免有油耗苦味。用細篩網過濾，濾掉渣渣，此時應可聞到非常濃郁的奶油糖香。

METHODS
作法

將所有的粉類材料 A，一起過篩
到至碗中，以打蛋器攪散均勻。

蛋白和蜂蜜，倒入過篩好的粉類中，以打蛋器攪拌均勻。

接著加入 38g 焦化完成的奶油，並攪拌均勻，麵糊就完成了。

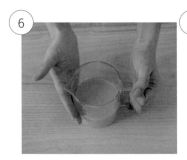

拌好的麵糊是流動性很高的麵
糊，裝在有引流凹槽的杯子比
較方便倒麵糊，使用擠花袋也
可以，但可能會滴的到處都是。

在費南雪不沾烤盤上，每模都
抹一點奶油，並以廚房紙巾將
多餘奶油擦掉。

麵糊平均倒入烤盤中，約 8 ～
9 分滿即可，送入預熱 180 度的
氣炸烤箱，烤約 7 ～ 9 分鐘。

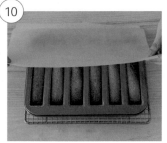

烤到表面金黃，邊緣有一點點焦，就可以了，這樣的顏色最漂亮。

烤完出爐後，蓋上烘焙紙，再蓋上一個砧板，迅速翻面，將費南雪倒出來，並放到架子上放涼，或是直接熱熱地吃。

Note

1. **Q**：爲什麼烤出來的費南雪背面不均勻？

   烤完的費南雪背面應該是光亮均勻的，如果烤出來背面不均勻有很多紋路，是因爲奶油太多或沒把多餘的奶油擦乾淨，只要抹薄薄一層即可。

背面光亮的費南雪　　　　背面不均勻的費南雪

2. **Q**：爲什麼烤出來的費南雪表面會裂開？

   這是因爲氣炸烤箱本身是藉由熱風循環運作，因此可能使表面提早結皮，但尚未膨脹完成就結皮的情況下，膨脹時就會撐開表面而可能導致表面裂開，但不影響美味程度；想要表面無裂痕，需使用一般烤箱製作。

3. 180度的烤溫如果烤完有點太焦，可以自行改成170度延長2～3分鐘試試看。

4. 若非烤完當下食用，隔天食用前可以回烤170度5分鐘，烤過熱熱的會更好吃。

經典瑪德蓮
CLASSIC FRENCH MADELEINES

份量 | 6 個瑪德蓮

十分簡單易做的小甜點，
沒有複雜的拌勻技巧，外型好看適合送禮，
有濃郁的奶油和蛋香，剛出爐時相當好吃。

INGREDIENTS
材料 ————

無鹽奶油 50g
上白糖 40g（若使用細砂糖則改為 45g）
全蛋 1 顆（50g）
鮮奶 10g
泡打粉 2g
低筋麵粉 40g
杏仁粉 10g
檸檬皮 少許

METHODS
作法

1

無鹽奶油加熱至融化放涼備用。

2

泡打粉、低筋麵粉過篩，和杏仁粉一起攪散拌勻。

METHODS
作法

雞蛋加入上白糖,以打蛋器貼著碗底攪拌至砂糖融化,攪拌時感覺不到砂糖的顆粒感。

加入牛奶並拌勻。

加入少許檸檬皮,繼續拌勻。

將過篩好的粉類材料一起倒入蛋液中,以打蛋器攪拌均勻。

刮刀將邊緣和底部刮過一遍,檢查有沒有粉類殘留。

加入融化的無鹽奶油,並攪拌均勻。

拌勻後將麵糊裝入擠花袋,袋口綁緊,放入冰箱冷藏4小時以上或隔夜。

烘烤前，模具抹上少許奶油，以手指均勻且確實塗抹至所有角落，最後再以廚房紙巾擦掉多餘的奶油。

將冷藏過的麵糊均勻擠入模中，擠至 9 分滿即可，擠的時候盡量讓麵糊不要產生空氣。

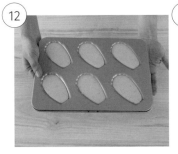

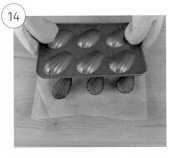

擠完後，一手抓好烤模，一手從底部輕拍，把產生的少許空氣拍掉，放入預熱好的氣炸烤箱，180 度烤約 10 分鐘。

烤好的瑪德蓮，表面會有像這樣的小肚臍山，非常可愛。

趁熱將瑪德蓮倒出來，並放到冷卻架上放涼，或趁熱食用。

Note

1. **Q**：為何麵糊需要冷藏這麼久時間？

   靜置麵糊可讓液體和麵粉徹底融合，烘烤出來表面才會光亮平滑，如果麵糊做好直接烤，烤出來會有許多凹洞且表面乾燥不光滑。

2. **Q**：為什麼烤出來無法順利脫模？或是表面脫皮，都沾黏到烤模上了？

   若使用的是廉價烤模，表面並非完全不沾材質，就會有種問題，建議購買學廚烤模，並且妥善開模和保養，烤完後將烤模倒過來輕輕晃一下，瑪德蓮就會自己漂亮脫模囉！

抹茶甜甜圈
MACHA GREEN TEA DONUTS

份量｜6 個甜甜圈

簡單的麵糊拌一拌，
就能做成的抹茶甜甜圈，
比炸的健康且好吃，也很適合做各種裝飾變化。

INGREDIENTS
材料 ———

蛋糕體材料：

〔**材料 A**〕

低筋麵粉 45g

杏仁粉 10g

泡打粉 1g

抹茶粉 3g

全蛋 1 顆（50g）

細砂糖 45g

無鹽奶油 40g

鮮奶 5g

抹茶巧克力材料：

調溫白巧克力 50g

可可脂 20g

抹茶粉 1g

METHODS
作法

無鹽奶油加熱至融化放涼備用。

粉類材料 A 過篩後，與杏仁粉一起攪散拌勻備用。

雞蛋與細砂糖以打蛋器貼著碗底攪拌至砂糖融化，攪拌時感覺不到砂糖的顆粒感。

在拌好的蛋液裡，加入過篩好的粉類材料 A，並以打蛋器仔細拌勻。

在麵糊中加入融化奶油，一邊加入一邊拌勻。

接著加入鮮奶，繼續攪拌均勻。

拌好的麵糊裝入擠花袋，擠入模型中，約 8 分滿。

用筷子或竹籤，在麵糊中劃圈，或震一下矽膠模排出空氣。接著放入預熱好的氣炸烤箱，烤160 度約 12 ～ 14 分鐘。

出爐後靜置，待烤模不燙手時便可脫模。兩手往四邊拉過一輪，可讓蛋糕側面鬆脫，脫完模後，置於冷卻架上放涼。

TIPS 這款抹茶甜甜圈，可單吃或淋上抹茶巧克力醬，自行依照喜好選擇即可。

METHODS
抹茶巧克力作法

調溫白巧克力以中小火微波方式加熱，每20秒開門檢查狀態，開始融化後每五秒開門查看，直到完全融化；或隔水加熱，但不能讓巧克力碰到水氣。

抹茶粉過篩加入，以刮刀壓拌均勻。

抹茶巧克力倒入模型，每模約10g，將甜甜圈輕放入模型，輕壓讓甜甜圈沾滿巧克力，注意不要用力按壓。

甜甜圈都放好後，放入冰箱冷藏約20分鐘（或冷凍10分鐘）。

冰至巧克力凝固，一樣雙手將矽膠模拉過一遍，即可讓甜甜圈推出脫模。

TIPS　抹茶巧克力可以用淋或沾的方式，做出不同裝飾。

杏仁巧克力脆片
ALMOND CHOCOLATE CHIP COOKIES

份量｜7cm／7 片

自己烘烤的巧克力碎，十分香濃好吃，
可以做爲蛋糕的餅乾底，也能撒在甜點擺盤上做裝飾，非常萬用，
和巧克力融合後做成圓餅型，則是小朋友最愛的巧克力脆片餅乾。

INGREDIENTS
材料 ————

〔粉類材料 A〕
杏仁粉 25g
低筋麵粉 60g
可可粉 7g
奶粉 5g
鹽 0.5g

無鹽奶油 40g
細砂糖 25g
杏仁角 15g
杏仁片 8g
60% 巧克力 50g

PREPARATION
事前準備 ————

將無鹽奶油放置室溫退冰備用。

METHODS
作法

粉類材料 A 全部過篩一遍，杏仁粉顆粒較粗可直接放入碗裡不必過篩，過篩完以打蛋器攪散均勻。

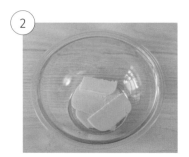 

無鹽奶油室溫放軟後，以刮刀稍微拌軟。

加入細砂糖，拌勻至砂糖都埋入奶油中即可。

過篩好的粉類材料 A，倒入奶油中，以切拌方式拌勻。

拌至如圖中的大顆粒狀即可，不必過度攪拌。

麵團倒在鋪了烘焙紙的烤網上，平均鋪平。

隔著烘焙紙或用湯匙稍稍壓平，不要讓麵團大小顆不平均，烘烤時才會熟得均勻，不會有的烤乾了，但顆粒較大的卻還沒烤熟。

杏仁角平均鋪在表面，並用指腹將杏仁角埋入麵團中。

巧克力餅乾麵團和杏仁片一起放入氣炸烤箱烘烤，以預熱好的 170 度烤約 15 ～ 17 分。杏仁片放置下層，烤到顏色有點金黃即可先取出，若單獨烘烤則為 5 分鐘，一起烤因為在下層的關係，時間要延長一些。

烤完的巧克力餅乾，出爐後不必放涼，直接放入保鮮盒，以刮板敲碎。烤箱不用關閉電源，待會還會用到。

巧克力餅乾敲碎至如圖片，有大有小的顆粒，但大顆粒不可太大，敲完放回烤箱繼續以 170 度烤 5 分鐘，讓餅乾是完全烤乾的狀態，烤完取出放涼備用。

TIPS 此動作是避免餅乾中心仍有不熟的地方，雖可直接延長烘烤時間，但敲碎再烤，比較不會有邊緣焦黑內部仍有微濕的問題，熟度會比較平均。

 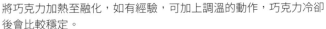 

將巧克力加熱至融化，如有經驗，可加上調溫的動作，巧克力冷卻後會比較穩定。

將融化的巧克力和餅乾碎混合拌勻。

在烤盤舖烘焙紙，以塔圈做為框模，每模倒入約 30g 巧克力餅乾碎，用湯匙壓平成圓餅型，壓完後立即拿起塔圈，繼續做下一個。

全部做完後，表面放上烤好的杏
仁片做裝飾，接著放入冰箱冷藏
30 分鐘。

冷藏完就是好吃又漂亮的巧克力脆片啦！

Note

1. 這款巧克力脆片因為使用的是調溫巧克力，比較無法耐放室溫，尤其是夏天，要密封好，
   放置冰箱冷藏保存以免融化喔！

2. 喜歡不甜的黑巧克力口感，可使用 70% 巧克力，喜歡較甜的口感，可使用 50% 巧克力，
   可依自己喜好，沒有一定要用哪一種。

低糖櫻桃布朗尼
LOW-SUGAR CHERRY BROWNIES

份量 | 15×15×4cm
方形烤模 1 份

布朗尼實在是令人又愛又恨，喜歡布朗尼的口感，但又很怕吃到太甜太乾的布朗尼，
因此我設計了這款低糖且濕潤版本，搭配酒漬櫻桃的酸甜酒香，讓布朗尼更迷人了。

INGREDIENTS
材料 ─────

櫻桃乾 30g

威士忌 or 蘭姆酒 6g

無鹽奶油 150g

70% 苦甜巧克力 120g

低筋麵粉 40g

可可粉 15g

全蛋 3 顆（150g）

上白糖 55g

核桃碎 20g

METHODS
作法

櫻桃乾切碎，倒入威士忌或蘭
姆酒浸泡備用。（有時間可浸
泡冷藏一晚）

無鹽奶油微波或隔水加熱融化，融化完溫度約 50 ～ 60 度左右爲佳，
溫度不用太高。

METHODS
作法

巧克力全部倒入融化奶油中，以刮刀將巧克力埋入，先不要攪拌，放著讓巧克力慢慢受熱，若馬上攪拌，奶油溫度會下降，可能無法讓巧克力完全融化。

等待時將低筋麵粉和可可粉均勻過篩一遍，並用打蛋器攪散。

過篩完，將步驟 3 的巧克力和奶油拌勻，拌至完全光滑沒有顆粒即可。

取一個乾淨的碗，打入全蛋，加入上白糖，再準備一盆熱水。

碗放在熱水中隔水加溫，並用手持攪拌機將全蛋打發。

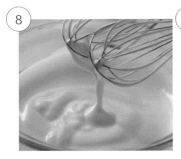

打發至蛋液體積變大，顏色變成淺白色，滴落時會有些微重疊，不會攤平即可。

取一大瓢打發好的蛋糕，加入巧克力中先拌勻。再將巧克力以畫圈方式，全部倒入打發好的蛋糕中。

接著將蛋糕以刮刀翻拌，翻到大概均勻即可，因為待會還要加入麵粉再拌，拌太久會消泡太多。

加入過篩好的麵粉，繼續以翻拌方式拌勻。拌至刮刀提起時看不到乾粉即可，不必拌到麵粉完全融合。

拌好的麵糊，倒入鋪好紙模的方形模具中。（參照 P36 折紙模方式）

215

均勻撒上酒漬櫻桃碎，接著可用筷子稍微劃圈，讓櫻桃可以分佈在布朗尼麵糊內層。

表面均勻撒上核桃碎，核桃碎分佈在表面才能烤出香氣，放入預熱好 150 度的氣炸烤箱，烤約 20 ～ 25 分鐘，竹籤插入布朗尼，沒有很濕會滴落的麵糊沾附即可，少量薄薄一層的麵糊沒問題，這樣吃起來才會濕潤不噎口，若烤到竹籤是全乾的話，吃起來就會太乾了。

出爐後的布朗尼，放在架上放涼，可以冷藏一晚再吃，味道會更好。

Note

1. 本食譜爲低糖版本，若喜歡表皮有更多脆皮口感，可在表面撒上一層糖粉一起烘烤。

2. 若沒有上白糖想使用細砂糖，可以將食譜糖量改爲 65g，使用上白糖能使布朗尼更濕潤。

3. 櫻桃乾可替換成蔓越莓乾或喜歡的果乾。

4. 核桃可替換成杏仁或榛果，使用前可先以 170 度烘烤 5 分鐘，放涼備用，香氣會更明顯。

5. 喜歡正常甜度的話可以把巧克力改爲 55 ～ 60%。

CHAPTER

7

麵包篇

免揉巧克力麻糬麵包
CHOCOLATE MOCHI BREAD

這款經典的巧克力麻糬麵包，
外層有著很香的嚼勁，內裡有麻糬的 Q 彈口感，
看起來好像很費工，做法卻十分簡單，不用發酵和揉麵，
把材料拌勻，送進烤箱即可享用，剛出爐熱熱吃最好吃了！

INGREDIENTS
材料 ————

〔材料 A〕
糯米粉（或韓國麵包粉） 140g
高筋麵粉 20g
奶粉 3g
糖粉 8g
可可粉 10g

〔材料 B〕
無鹽奶油 30g
全蛋 1 顆 50g
醬油 3g
鮮奶 58g

〔材料 C〕
耐烤巧克力水滴 30g

PREPARATION
事前準備 ————

1. 無鹽奶油隔水加熱或微波至融化。

2. 全蛋 1 顆打散攪拌均勻。

3. 鮮奶微波至微溫，不用到滾燙。

METHODS
作法

材料 A 全部過篩到盆中。

過篩完，用打蛋器攪拌均勻。

在另一碗打散的雞蛋中，加入材料 B（醬油、牛奶和融化奶油），並攪拌均勻。

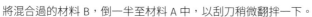

將混合過的材料 B，倒一半至材料 A 中，以刮刀稍微翻拌一下。

再將材料 C 倒進來，稍微拌一下。

⑥

倒入剩餘的材料 B，以刮刀攪拌至液體都被吸收即可停下，不需再繼續攪拌。

⑦

巧克力麵團平均分成六份，一份約 55g，在手心抹一點沙拉油或奶油，將麵團搓成橢圓形。

⑧

搓好的麵糰，放在鋪了烘焙紙的烤籃上，表面噴一點水，以免烤出來的成品太乾。接著放入預熱 170 度的氣炸烤箱，烤 30 分鐘，每 5 分鐘打開烤箱，在表面噴水一次，以防止表皮乾硬難咬，若喜歡有嚼勁的口感，每 8 分鐘噴一次即可。

TIPS 若出爐後沒有吃完，可以在陰涼處室溫保存三天，放涼後會變硬，要吃之前表面噴一些水，再以 170 度回烤 5 ～ 8 分鐘即可回軟食用。

手撕極濃牛奶麵包

HOMEMADE MILK BREAD

份量｜ 20×20cm 方形烤模
16 顆牛奶麵包

用了全牛奶和煉乳製作的麵團，口感十分香軟，裡面包了乳酪餡，
還記得初次製作時那份感動，剛出爐時真的好吃到差點噎到！
這個食譜很適合新手製作，手撕麵包大幅節省了空間，
氣炸烤箱一次可以烤 16 顆。

INGREDIENTS
材料 ————

麵團材料：

高筋麵粉 240g

奶粉 10g

細砂糖 30g

鹽 3g

酵母 3g

煉乳 25g

冰鮮奶 185g

無鹽奶油（室溫軟化） 20g

起士內餡材料：

奶油乳酪 80g

糖粉 25g

蛋黃 1 顆（20g）

無鹽奶油（室溫軟化） 10g

METHODS
作法

① 高筋麵粉放入大碗，依序放入奶粉、細砂糖、鹽和酵母，要注意酵母不能一開始接觸到鹽，鹽會抑制酵母活性，所以分別放在角落。

② 其他材料拌勻後，把鹽或酵母其中一樣最後進去，然後全部材料攪拌均勻。

TIPS 鹽會抑制酵母的活性，兩者不要直接碰到即可。可以把所有材料拌勻，最後再放酵母或鹽也可以。

METHODS
作法

接著倒入煉乳，稍微拌一下。

在麵團中間挖一個洞，把鮮奶分 3 ～ 4 次倒入。

倒入後把旁邊的麵粉撥下來，再從底下翻拌。重複動作，直到牛奶倒完，麵團也可以成團。

取出麵團放在乾淨的桌面上，準備一個塑膠刮板，雙手洗淨，開始揉麵團。

掌心往前推，再用刮板把麵團翻回來，重複這個動作約 10 ～ 15 分鐘，剛開始非常黏手是正常的。

⑦

揉到麵團不沾手後,第一階段就完成了,接著將麵團稍微壓扁。

⑧

抹上室溫軟化的奶油,繼續揉至奶油完全吸收,再次不沾手,且富有彈性爲止。

⑨

接著麵團整圓,雙手從麵團兩側壓住一點點麵團,往底部方向鏟起麵團再放下,重複動作並換方向,麵團會像口香糖一樣經過拉扯出現光滑的表面。

TIPS 整圓是將麵團表面拉出一面光滑面,收口在下,這樣可以讓麵團發酵時空氣留在麵團內部,讓發酵過程更好,如果沒有整圓,麵團的空氣就會散失了。

⑩ 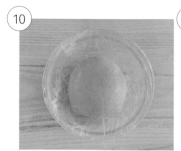 ⑪

麵團放在大碗中,蓋上保鮮膜,靜置於 28 度左右的溫度,發酵 1 小時。

等待發酵的同時,來製作起士內餡,將奶油乳酪隔著熱水或微波軟化,直到能夠輕易抹開。

糖粉過篩到奶油乳酪中，並攪拌均勻。

接著加入蛋黃，一樣攪拌均勻。

最後放入室溫軟化的奶油拌勻，然後裝入擠花袋，放進冰箱冷藏備用。

1 小時後，麵團已發酵成兩倍大。這時候用手指往中間戳洞，洞口不會回彈，就是發酵完成了。

取出麵團，拍打出空氣，再次整圓進行分割。

整圓後用刮板切成 8 等分，每團再對切，即為 16 等分，可以秤重讓每個麵團重量一致，大概是每顆 30g 左右。

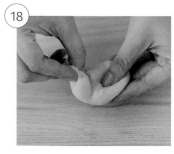

18

分割好的麵團，再次整圓，小麵團可以用往內對折的方式，對折後捏緊，翻過來就是光滑面了。

19

最後在桌上將麵團滾圓 （手輕輕將麵團壓住邊緣，中心點固定，將手貼著桌面小幅度畫圈）。

TIPS 我的 Youtube 頻道內有詳細影片示範手法，不熟悉的話可以到頻道上觀看。

20

每個都搓圓後，蓋上保鮮膜在桌上靜置 10 分鐘讓麵團休息。

21

10 分鐘後，麵團再次拍扁排出空氣，照上述方式往內對折幾次。

22

收口朝上，光滑面朝下，壓扁後用手指把麵團往外推，讓麵團黏在桌上。

擠入約 50 元硬幣大小的起士內餡，一開始不要擠太多，以免包不起來。接著讓麵團繼續黏在桌上，輕拉起左右兩側，往外拉長一點，然後向上折起。

重複動作拉另外兩邊，把所有麵團都拉起來捏住，變成像是小籠包那樣。

收口處翻過來朝下滾圓，放置在烤盤內。

全部放好後，包上保鮮膜做最後發酵，最後發酵時間為 40 分鐘，環境溫度為 30 ～ 32 度。

TIPS 1. 夏天可以直接放在桌面上，冬天可在烤箱中放入一杯熱水，溫度維持在 30 ～ 32 度左右。

2. 烤箱內建議放一個溫度計，冬天只放熱水溫度可能不夠，而溫度若不足會導致發酵不足，烤出來的麵包不夠大，且會偏硬不鬆軟。溫度不夠時可開啟烤箱的發酵功能，或是開啟最低溫度 40 度幾分鐘，待裡面溫度升高後即可關閉。

40 分鐘後，麵包膨脹變大了，撒上一些高筋麵粉，烤完會比較漂亮，也能防止表面結成厚皮，吃起來更軟。

麵包放進預熱好的氣炸烤箱中，150 度烤約 13 ～ 15 分鐘，直到表面有漂亮的顏色。

烤完後出爐，立即將麵包脫離烤模，避免底部熱氣結成水珠。

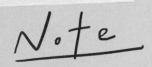

揉麵團時更多省力的方式：

a. 可以一次往前方三個方向推揉，這樣揉會比較快。

b. 後續麵團沒那麼黏手時，可將麵團鏟起來，放在手上，再用力往桌上甩，藉此可產生筋性，也比較沒那麼費力。

c. 若手真的很痠，可以在揉個 5 分鐘後，將麵團放入碗中，用保鮮膜包著靜置 15 ～ 20 分鐘，之後再繼續揉，麵團靜置過程中也會自行出筋，可省下一點揉麵團的力氣。

香草蜜茶羅馬生乳麵包

VANILLA HONEY TEA MARITOZZO

冰過的羅馬生乳麵包，大口咬下甜而不膩，
麵包體冰過一晚卻不會乾硬，反而有軟 Q 口感，
配上特製香草蜜茶鮮奶油，濃郁的香草味中帶有一股甘菊蜜茶清香。

份量｜ 5 顆生乳麵包

INGREDIENTS
材料 ————

維也納麵團材料：

高筋麵粉 150g

細砂糖 22g

鹽 1.5g

奶粉 5g

酵母粉 1.5g

冰水 70g

鮮奶油 5g

全蛋蛋液 26g

無鹽奶油 15g

全蛋蛋液 少許 （刷麵包表面用）

PREPARATION
事前準備 ————

1. 前一晚先製作香草蜜茶鮮奶油（參照 p46 香草蜜茶鮮奶油作法），隔天製作麵包及打發鮮奶油、並夾餡組合。

2. 無鹽奶油先秤好，包起保鮮膜繼續放在冷藏，開始揉麵團時再取出回溫。

METHODS
作法

①
將高筋麵粉、細砂糖、鹽、奶粉，放入碗中攪散拌勻。

② 接著倒入酵母粉，然後拌勻。

③
將冰水和鮮奶油倒在另一個容器中，秤入打散的全蛋蛋液，攪拌均勻。

METHODS
作法

在麵粉中間挖個洞，把液體分 4 ～ 5 次加入，麵粉蓋住液體，再切拌。

重複動作直到液體加完，拌至看不見麵粉並呈雪片狀，此時取出奶油回溫。

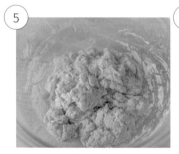  

在碗中稍微揉一下麵團，再取出放在桌上揉，此時會是非常濕黏的狀態。一邊向前揉開，一邊用刮刀翻回。

揉約 10 ～ 15 分鐘，麵團開始變得細緻，推開時帶有些微彈性，還有些微黏手但沒有一開始那麼黏。

⑧

將麵團壓扁，加入回溫十幾分鐘左右的奶油，繼續揉捏至奶油吸收完全，並帶有更好的彈性。從加入奶油後至少需要再揉 10 分鐘，若 10 分鐘後還是很黏手，表示手溫或環境溫度可能過高，麵團蓋上保鮮膜靜置一下再揉。

⑨  ⑩

此麵團無法揉到完全不黏手，但要揉到以刮板能夠鏟成圓球狀爲止（一手拿刮板往下鏟，一手扶住麵團，並將麵團抬起換邊，持續動作就能鏟成圓形）。

麵團放入碗中，蓋上保鮮膜，靜置於 28 度的溫度下發酵 1 小時。

TIPS 夏天放置室溫發酵即可，冬天可放進烤箱，裡面放一碗熱水，維持 28 度環境即可。

⑪   ⑫

1 小時後，麵團發酵成兩倍大，即可取出，將麵團壓扁拍出空氣。

空氣都拍出後，再次整成圓形，可順便秤重看看麵團總重量。

將總重量除以五，平均分成五份麵團。

⑬

每個麵團拉開後不斷往下折，折起處捏合，幾次後即可有光滑的表面，並在桌上將麵團滾圓（用手輕輕將麵團壓住邊緣，中心點固定，將手貼著桌面小幅度的畫圈）。

TIPS 我的 Youtube 頻道內有詳細影片示範手法，不熟悉的話可以到頻道上觀看。

每個都搓圓後，蓋上保鮮膜在桌上靜置 10 分鐘讓麵團休息。

10 分鐘後，將麵團再次拍扁排出空氣，並照上述方式同樣整圓，但這次整圓後直接放到烤盤上。

全部放到烤盤上後，刷上一層薄薄的全蛋蛋液，烤完表面才會有漂亮的顏色。

將麵團連同烤盤一起進行放入烤箱進行最後發酵，烤箱裡放一杯熱水，溫度維持在 32 度左右，麵包表面不用蓋保鮮膜，讓它自然膨脹 40 分鐘。

TIPS 烤箱裡建議放一個溫度計，冬天只放熱水溫度可能不夠，溫度不夠會導致發酵不足，烤出來的麵包不夠大，且會偏硬不鬆軟。溫度不夠時可開啓烤箱的發酵功能，或是開啓最低溫度 40 度幾分鐘，待裡面溫度升高後即可關閉。

最後發酵完成後，麵包一樣會膨脹兩倍大，即可直接進氣炸烤箱160 度烤 12 分鐘，在最後 3 ～ 4 分鐘時可以將烤盤前後轉方向，讓烤色更均勻。

TIPS 一定要讓麵團發酵到兩倍大喔！不夠大可延長發酵時間，不然烤出來會偏硬。

出爐後盡快放涼，直到麵包完全冷卻了再切開，否則一切開麵包冒煙的同時，裡面的水分也會蒸發掉，麵包會變得比較乾。

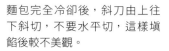

麵包完全冷卻後，斜刀由上往下斜切，不要水平切，這樣填餡後較不美觀。

將打發完成的鮮奶油厚厚的抹入麵包，並用軟質塑膠片（投影片或硬慕斯圍邊亦可），順著邊緣將鮮奶油刮成圓弧形。

TIPS 沒有軟質塑膠片的話也可以用抹刀，但是比較難抹出漂亮的半圓形。

Note

1. 抹完後先不要急著吃，當下沒那麼好吃，要密封冷藏 3 小時以上或一晚，隔天吃更好吃。

2. 隔天還沒有要吃的話也可以密封冷凍起來，可以放 3 ～ 5 天左右。

迷你熱狗捲麵包
MINI HOT DOG ROLL

份量 | 12～16 顆迷你熱狗捲

將熱狗捲做成迷你形狀，
小容量的氣炸烤箱也能一次烤 12 ～ 16 顆，鬆軟好吃又可愛。

INGREDIENTS
材料 ————————

基礎台式麵團　290g

小熱狗　9 支（一支長度約爲 9.5cm）

全蛋蛋液　少許

焗烤起司絲　少許

義式香料粉　少許

美奶滋　少許

台式麵包麵團材料：（可做約 295g 麵團）

高筋麵粉　150g

細砂糖　25g

鹽　1.5g

水　70g

鮮奶油　8g

全蛋蛋液　25g

酵母粉　1.5g

無鹽奶油　15g

METHODS
台式麵包麵團做法

① 高筋麵粉、細砂糖、鹽放進碗中，用打蛋器攪散均勻。

② 將水、鮮奶油、全蛋蛋液秤好倒在一起（不混合均勻也可以）。接著在麵粉中央挖一個小洞，把混合好的液體分 3 ～ 4 次倒入，每次倒入後把周圍麵粉翻下來並切拌一下。

METHODS
台式麵包麵團做法

重複動作直到液體用完爲止，此時麵團應可拌成團。

將麵團放到乾淨的桌上，雙手洗淨開始揉麵團，用掌心將麵團向外推，再用刮板把麵團刮回來，重複這個動作約 3 ～ 5 分鐘。

揉完後，大致上材料都已經確定混和均勻了，這時候麵團還是很粗糙且非常黏手，將麵團放進碗中，包上保鮮膜靜置 20 ～ 25 分鐘（夏天時可以放冷藏）。

過 25 分鐘後，麵團已經自己產生筋性，可拉出一條麵團也不會很易斷開。

將麵團放置在桌上，稍微揉個 3 分鐘，再放入酵母粉，繼續揉至看不見酵母粉爲止。

室溫軟化的無鹽奶油放進麵團,揉至奶油完全吸收,且麵團表面變細緻,不像一開始那麼黏手的狀態。

TIPS 其中如果手溫或室溫較高,建議一樣將麵團靜置使其自然出筋。

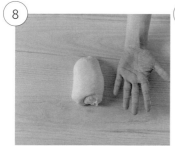

揉好的麵糰,表面會很細緻沒有粗糙顆粒感,觸感像麻糬一樣軟軟的,把麵團用力拉開仍感略為黏手狀態。此時用刮板向下鏟麵團多次,可讓麵團底部收緊變為圓形。

麵團放進碗中,包上保鮮膜,靜置於 28 度的溫度下發酵 1 小時。1 小時後,麵團已發酵成兩倍大,即可取出,此時麵團會變得更軟更細緻,基本麵團做好後就可以開始做各種造型。

TIPS 夏天可放置室溫發酵即可,冬天可放在烤箱中,裡面放一碗熱水,維持 28 度環境即可。

Note

1. 台式麵包的特性是烤出來質地鬆軟,麵團比較黏,完成後會像麻糬那樣的手感,不像其他麵團可揉到完全不沾黏,因此使用水合法來幫助麵團出筋,比較省力可揉的時間可以少一些,其他麵團也可參考這個方式製作。

METHODS

整形作法

做好的麵團，放在乾淨的桌上，拍出空氣，依照（p227 手撕極濃牛奶麵包）整圓手法，整理成圓形。

測量麵團總重量，做出來的麵團重量約在 290g 至 295g 之間。

麵團總重量除以 9，一顆大約是 32g，依照重量分割成 9 等分。

依照（p229 手撕極濃牛奶麵包）整圓手法，每顆麵團拍出空氣→整圓→蓋上保鮮膜休息 10 分鐘。

將原本 9.5cm 長的小熱狗對切，變成約 4 ～ 5cm 長度。

TIPS 如果不做成迷你形狀，也可以做成四顆大一點的麵包，但建議用熱狗堡那種大一點的熱狗比較好吃，否則麵包比例太多，吃到的熱狗會很少。

取出休息好的麵團，手上和桿麵棍拍一點少量高筋麵粉防沾黏，麵團先桿平。

把原本不平整的收口面朝上，用手指將麵團整理成長方形，將靠近自己的麵團尾端，用手指將麵團邊緣壓薄，以便捲起時能密合。

捲起麵團，每捲一下就用指尖將麵團往下壓一下，讓麵團密合。

捲好的麵團對切一半，分別在桌上搓成長條型。

搓好的長度建議約是熱狗的 3.5 ～ 4 倍長，捲起來會比較剛好。

一手將麵團捏在熱狗上，一手將麵團繞圈，繞圈時要壓住麵團尾端。

最後尾端麵團，塞進上一圈的麵團中，這樣就完成了。

熱狗麵包以傾斜角度排列在烤盤上，麵團尾端收口處朝下放。將麵團連同烤盤一起放入烤箱進行最後發酵，烤箱中放入一杯熱水，溫度維持在 32 度左右，麵包表面不用蓋保鮮膜，讓它自然膨脹 40 分鐘。

發酵完成後，麵包表面刷上蛋液，依照喜好撒上焗烤起司絲、義大利香料粉，放入預熱好的氣炸烤箱，以 160 度烤約 10 ～ 12 分鐘。

出爐後可以再刷上一些美乃滋或奶油，讓表面看起來光亮美味。

TIPS 氣炸烤箱一次可以烤 12 顆，若不介意麵包每顆是黏在一起變成手撕包的話，則排到 16 顆也可以的。第一盤擺不下的可以擺第二盤，第二盤可以晚點開始發酵，等第一盤出爐後接著烤即可。

迷你花生奶油麵包
MINI PEANUT BUTTER CREAM BREAD

份量 | 一盤約 35 顆
迷你花生奶油麵包

將麵包店的花生奶油麵包,做成一小口迷你造型,
內餡和表面都有好吃的奶油醬,並撒上大量花生粉,每一口都能吃到滿滿的料,
有花生麻糬的滿足感,但比麻糬更容易消化,會不小心一口接一口吃完!

INGREDIENTS
材料 ————

台式麵包麵團　半斤（約 295g）
鮮奶　一大匙（擦麵團表面用）

奶油霜：
無鹽奶油　50g
糖粉　25g

花生粉　50g（依照喜好添加）

PREPARATION
事前準備 ————

1. 依照 P239 基礎台式麵包麵團做法，
   以 150g 的高筋麵粉做出總重約
   295g 的麵團。

2. 如要自製花生粉，可將 100g 去皮
   花生泡水洗淨後擦乾，用平底鍋乾
   炒至金黃，一定要炒乾！完全放涼
   後，以調理機打碎成花生粉，加入
   2～3 匙砂糖再打一下即可，糖量
   可依個人喜好增減，自製的花生粉
   超級香的喔！

METHODS
作法

麵團做好並完成第一次發酵後，取出放在乾淨桌面上，用手掌垂直將空氣拍打出來後，整理成圓形。

麵團切成一顆約 8g 大小，不用太精準，但若喜歡大大小小的麵包球，也可以切成不規則的大小。

手掌側拍麵團拍出空氣後，用刮刀刮起。

麵團往下翻折幾次，像口香糖吹泡泡那樣，整理出光滑面，然後將底部收口捏合。

接著收口處朝下放在桌上，用手指在桌面上滾圓。

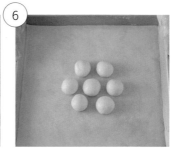

從烤盤的中心點開始擺放麵團，上下各兩顆，左右各一顆，這樣烤出來就會是交錯的形狀，記得預留空隙，如果擺太靠近，烤出來球形會不明顯喔！

麵團全部擺好後，連同烤盤一起進行放入烤箱做最後發酵，室溫較低時，烤箱中可放入一杯熱水（夏天可用溫水或省略），溫度維持在 32 度左右，麵包表面不用蓋保鮮膜，讓它自然膨脹 40 分鐘。

TIPS 烤箱內建議放一個溫度計，冬天只放熱水溫度可能不夠，溫度不足會導致發酵不足，烤出來的麵包不夠大，也會偏硬不夠鬆軟。溫度不夠時可開啓烤箱的發酵功能，或是開啓最低溫度 40 度幾分鐘，待裡面溫度有升高即可關閉。

發酵完成後，在麵團表面擦上一層鮮奶，送入預熱好 160 度的氣炸烤箱，烤約 12 分鐘。

烘烤完成後，從烤盤取出放涼，等待時來製作奶油霜。

使用提前放在室溫退冰軟化的無鹽奶油，用刮刀稍微拌軟。

加入糖粉，繼續拌至看不見糖粉。

接著用手持攪拌機將奶油打發，打到變得蓬鬆、顏色變白就可以了，最後裝入擠花袋備用（不需要花嘴）。

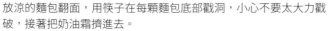

放涼的麵包翻面，用筷子在每顆麵包底部戳洞，小心不要太大力戳破，接著把奶油霜擠進去。

麵包翻回正面，在每個麵包上擠一點奶油霜，用刷子把奶油霜刷平，確保每顆麵包都有奶油霜覆蓋。

最後在表面撒上滿滿的香濃花
生粉，就大功告成啦！

$\mathcal{N}o\dagger e$

1. 這次麵團表面不擦蛋液改擦鮮奶，是因為麵團已經很小顆，擦鮮奶比較能保濕；擦蛋液會
讓表面結一層薄皮，口感會乾一點，主要是蛋液烤出來會有光亮效果，但表面還要撒上花
生粉所以並不需要這個效果。

千層布里歐許皇冠麵包
LAMINATED BRIOCHE

份量 | 6 顆布里歐許

奶香味十足的布里歐許麵包，以千層方式做成多層次的皇冠造型，
表層塗上蜂蜜糖水，咬下時口感香脆又充滿奶油香氣，
無論是單吃、搭配果醬或夾入煙燻鮭魚等鹹食都十分美味。

INGREDIENTS
材料 ————

鮮奶 117g
全蛋蛋液 70g

高筋麵粉 325g
糖 20g
鹽 4g
酵母 7g
無鹽奶油 A 40g

無鹽奶油 B 140g

蜂蜜 6g
飲用水 3g

PREPARATION
事前準備 ————

除了酵母、糖和鹽，所有材料提前置
於冷藏冰過，可降低麵團攪拌時的溫
度。

METHODS
作法

鮮奶和全蛋蛋液秤好需要的量，
兩者混和後放回冰箱冷藏備用。

將冰過的高筋麵粉放入攪拌缸，加入糖和鹽後，攪拌均勻。

接著加入酵母，再次攪拌均勻。

TIPS 酵母和鹽不能直接碰觸到，會影響酵母活性，因此要分開倒
入。

啟動攪拌機，以低速一邊攪拌，
一邊倒入牛奶蛋液，直到攪拌
成團狀。

加入一半無鹽奶油，繼續攪拌至奶油吸收，剩餘的奶油放回冰箱繼
續冷藏。

⑥

⑦

奶油完全吸收後，加入剩餘的奶油，繼續攪拌麵團。這款布里歐麵團初始奶油只下了一些，因此麵團會比一般麵包麵團硬，無法攪拌至很光滑且柔軟的質地，攪拌時需要查看麵團狀態和溫度，麵團中心溫度最好不要超過 26 度。

麵團攪拌至柔韌有彈性狀態，可取出一小塊麵團檢視，將麵團慢慢拉平，有點彈性且不是一拉開就破掉。

⑦

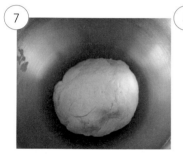
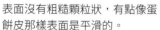

⑧

表面沒有粗糙顆粒狀，有點像蛋餅皮那樣表面是平滑的。

取出麵團放在乾淨的桌上，稍微揉捏過後滾圓，光滑面朝上，收口朝下。

⑨

⑩

麵團放到碗中，用保鮮膜蓋起，放在室溫 26 ～ 27 度左右環境靜置發酵 1 小時。

1 小時後，麵團已發酵完畢並膨脹，這時麵團溫度在 26 度以下為宜。

麵團取出拍扁，把空氣拍出來，再次整圓。

麵團用保鮮膜包起來，放置冷藏一晚。建議包兩層比較不會乾掉，周圍要留一點空間，因為即使放在冷藏，還是會稍微膨脹發酵。

接著將烘焙紙摺成一個信封狀，底面積為 25×17cm 左右，用來將奶油桿平，並且確認有一個可以放進冰箱的平盤或砧板，奶油才會是平整狀態。

無鹽奶油 B 從冰箱取出切片，不須軟化，直接放進烘焙紙包起來，紙的開口朝下，用桿麵棍桿平，變成一個長方形奶油片，桿好後放至冰箱冷藏備用。

從冰箱取出冰過一晚的麵團，在桌上灑一點額外的高筋麵粉防止沾黏，然後將麵團桿平。

16 / 17

桿的時候可用手稍微輕捏輕拉，將麵團整成方形，麵團原本的收口處朝上，這樣奶油包在裡面，外皮才會是平整面。

將麵團桿成比奶油大兩倍的長方形，邊緣要比奶油再大 1cm 左右，奶油才不會跑出來。取出冷藏的奶油片，放在麵團中間。

18 / 19

麵團兩側往內折起，輕輕桿過一遍，目的是把裡面的空氣推出來，不要太用力。

接著將麵團兩邊往中央折，然後再對折，這樣就完成一次四折的動作了。

19 / 20

麵團先稍微桿一下就好，接下來要讓麵團休息才能再繼續桿。麵團包上保鮮膜，放置冰箱冷藏 1 小時。

1小時後，從冰箱取出麵團，再做一次四折的動作，桿成長方形→兩邊向內折兩次→再對折。中途桿的時後如發現有氣泡，可以用竹籤輕輕刺破。桿成長方形後，兩邊若形狀不平，可以將邊緣切平，再做對折的動作，然後包起保鮮膜，再次冷藏1小時。

1小時後取出麵團，一樣桿成長方形，這次將麵團桿成比 40×20cm 再大一點點，將四邊切平，切平後的完整大小為 40×20cm。

TIPS 即使邊緣是平整的也要切過一次，這樣烤出來才會有千層的斷面喔！

麵團用鐵尺做記號，長邊切成六等分，每片約寬 6.5cm，因為切片時麵團可能會再縮小一點，所以預留 1cm 做緩衝。

切好的麵團包上保鮮膜，冷藏休息 25 分鐘。

25 分鐘後取出麵團，縱切成三等份，但頭部留 1cm 不要切斷，讓麵團變成『爪』字形。

接著用綁辮子的方式，麵團交錯編織成辮子狀，注意不要拉太緊，麵團等等還會再膨脹，太緊的話會沒有膨脹空間。

最後將麵團從收口處往未切斷處捲起，斷面朝下，捲成一顆球形。

在六連模裡均勻抹上一層奶油，然後在模內撒一層砂糖。

放進整形好的麵團，接著放在 26～27 度的環境下發酵 2 小時。

2 小時後，麵團表面塗上蛋液，建議用比較小的刷子，才能刷到死角，接著放入預熱 160 度的氣炸烤箱，烤約 25 分鐘，剩餘 10 分鐘時可將烤模對調方向。

時間到後，將千層布里歐許從模具中夾出，放進烤籃並在表面刷上混合好的蜂蜜和飲用水，一樣的溫度再續烤 5 分鐘。

Note

1. 布里歐許的作法因奶油含量較高，建議在秋冬或室溫低於 25 度以下的冷氣房製作，另外建議使用攪拌機或麵包機製作，手揉亦可但容易讓麵團升溫影響麵團質地。

2. 最後發酵時，一定要讓麵團發酵夠，若發現 2 小時後還是太小，可以再放一陣子，否則烤出來會比較緊實不夠酥鬆。

捷克煙囪捲
CHIMNEY CAKE

> **份量｜** 10 ～ 12cm 高／ 2 個煙囪捲
> （氣炸烤箱一次可製作 4 ～ 6 個）

那年深冬時造訪捷克，我在布拉格廣場吃到了當地有名的煙囪捲後，回台就一直想念著，
剛出爐時熱騰騰外表酥脆的煙囪捲麵包，擠上香草冰淇淋，一口咬下去真的好好吃！
自己改良過後，這個做法不會很難，麵團不需要花太多時間揉，也可以解解饞！

INGREDIENTS
材料 ───────

高筋麵粉 20g

中筋麵粉 85g

全麥粉 20g

細砂糖 13g

鹽 0.3g

酵母 1g

蛋黃 5g

全蛋 15g

牛奶 55g

無鹽奶油 20g

沾裹用糖：

二砂糖 50g（也可用白砂糖）

黑糖 20g

肉桂粉 少許

PREPARATION
事前準備 ───────

無鹽奶油加熱至融化備用。

METHODS
作法

三種麵粉一起過篩一遍,高筋 在過篩完的麵粉中加入糖和鹽,並以打蛋器攪拌均勻。
麵粉不會結塊可不用過篩。

接著加入酵母,再次攪拌均勻。 將鮮奶和全蛋、蛋黃,秤在一
起,攪拌均勻。

麵粉中間挖一個洞,把蛋奶液分四次加入,每次加入後以刮刀翻拌一下,再加入下一次的蛋奶液,直
到蛋奶液用完為止。

⑥   ⑦

接著加入融化好恢復常溫的無鹽奶油，並攪拌至麵團成團。

取出麵團放在乾淨的桌上，麵團揉至表面平滑沒有粗糙顆粒。

⑦  ⑧

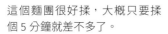

這個麵團很好揉，大概只要揉個 5 分鐘就差不多了。

揉好的麵團，整出光滑面並整理成圓形，放入碗中，包上保鮮膜，置於 28 度左右環境發酵 1 小時左右。

⑨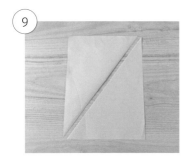

等待發酵時，來做煙囪捲的紙模吧！準備一張不要的 A4 紙，斜對角剪開成兩半，長邊的中間位置，就是圓錐的尖端。

以圓錐尖端爲中心點，將三角紙往內捲起，較長的那邊放外圈，最後將多餘的部分往內折起就可以囉。

完成高度約 12cm 左右，不要高於這個高度，以免烤的時候離加熱管太近，容易烤焦。

準備鋁箔紙，將圓錐尖端放在中間點，往另一邊滾動，最後將多餘的地方往內折好，這樣就包好了。沒包鋁箔紙的話，麵包就會和 A4 紙牢牢黏在一起。

做好的圓錐，烘烤時放最下層，距上方加熱管還有一點距離。

取出發酵好的麵團，在桌上壓扁拍出空氣，切成兩等份。

分割成兩等份後,搓圓並桿扁成方形。

把麵團翻過來,原本不平整的收口處朝上,用手指將麵團邊緣壓薄,以便捲起時能密合。

把麵團由上而下捲起,每次捲都用手指在麵團上輕壓,讓麵團之間密合。捲好後,讓麵團休息個五分鐘。

等待時將紙模表層抹上一層奶油,防止沾黏也能讓口感變好。

麵團搓成長條狀,長度約是紙模的五倍左右。

一手按著麵團,一手將麵團從紙模尖端處往下繞,最後把尾端藏到上一排的麵團中。

麵團表面抹一層奶油,讓表面更酥脆,並在外層裹一圈砂糖,我習慣用二砂,加一些黑糖並灑上一點肉桂粉調和,吃起來更香,如果你喜歡,也可以裹上一圈杏仁角。

煙囪捲立起來放在烤網裡,置於 28 度左右環境發酵 15 ～ 20 分鐘,建議放在烤箱中,並放入一杯熱水,麵團比較不會乾掉,隨時注意發酵情形,稍微膨脹卽可,不需膨脹至兩倍大,因為這個麵團彈性不像一般麵包那麼大,發酵過頭表面會裂開,這樣烤的時候煙囪捲可能會斷掉。

發酵完,維持立著的狀態放進預熱 190 度的氣炸烤箱,烤約 10 分鐘,接著將煙囪捲躺平,移到中層,以 200 度續烤 3 分鐘,翻個面再烤 3 分鐘,這樣表面顏色才會均勻,而不至於尖端焦黑。出爐後,稍微放涼,還有點微熱時加上冰淇淋或鮮奶油最好吃喔!

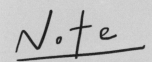

1. 原始的傳統做法是全部用中筋麵粉製作，吃起來屬於比較硬脆口感，我調整加了一點高筋麵粉，吃起來會比較偏外酥脆內柔韌，而全麥粉則是增加一些香氣，吃起來會更好吃，如果不在意的話也可以全部用中筋麵粉製作。

2. 喜歡表面焦脆的話，最後的奶油可以抹多一點，依照個人喜好，也可以刷上蜂蜜水或楓糖水。

韓國最美
氣炸烤箱

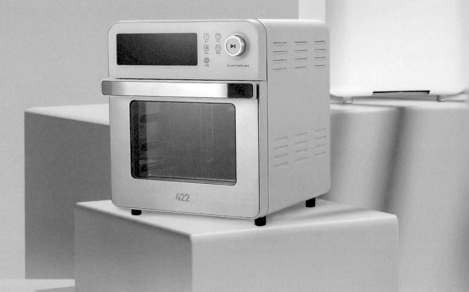

實體銷售據點

Beutii 三創店
臺北市中正區市民大道 3 段2號4樓

Beutii 新莊宏匯店
新北市新莊區新北大道四段三號6樓

Beutii 林口三井店
新北市林口區文化三路一段356號2樓 20030櫃位

Beutii 台中港三井店
臺中市梧棲區臺灣大道十段168號30900櫃位

Beutii 台南三井店 2022/2開幕
台南市歸仁區武東里歸仁大道101號3樓30490

Beutii官方網站
加入會員即贈100元購物金

恆溫乾果機

馬林糖&糖霜好麻吉!

產品名稱:恆溫乾果機
產品型號:FR-506
額定功率:600W
產品尺寸:45X34X31(cm)
產品重量:8KG
《兩款容量》六層 / 十層

桌上型攪拌機

Stand-Mixer

產品名稱:桌上型攪拌機
產品型號:MX-505P
額定功率:600W
產品尺寸:39X24X35(cm)
產品重量:8KG

一顆蛋白打發
(大約40克)

20分鐘內打薄膜
(500克以下麵粉)

電機3年保固
(台灣原廠)

7公升大容量
(乾粉最多可達800克)

多種擴充配件
(壓麵器、切菜器、絞肉器)

304攪拌器
(攪拌鈎、攪拌球、攪拌槳)

胖鍋 🔍
ハンの鍋
■ 讓廚房成為生活中美好的記憶 ■

佳盈實業有限公司
(02) 8200-3200
service@breadpan.com.tw
新北市新莊區
萬壽路一段21巷17弄4號

胖鍋粉專

胖鍋官網

氣炸烤箱也能做甜點！

嚴選話題甜點 35 款，一次學會蛋糕、麵包、餅乾、常溫點心

2022 年 01 月 01 日初版第一刷發行
2022 年 05 月 01 日初版第三刷發行

作　　者　OREO の甜食町
編　　輯　王玉瑤
封面・版型設計　謝小捲
特約美編　梁淑娟
攝　　影　OREO の甜食町
發 行 人　南部裕
發 行 所　台灣東販股份有限公司
　　　　　＜地址＞台北市南京東路 4 段 130 號 2F-1
　　　　　＜電話＞(02)2577-8878
　　　　　＜傳真＞(02)2577-8896
　　　　　＜網址＞http://www.tohan.com.tw
郵撥帳號　1405049-4
法律顧問　蕭雄淋律師
總 經 銷　聯合發行股份有限公司
　　　　　＜電話＞(02)2917-8022

氣炸烤箱也能做甜點！嚴選話題甜點 35 款，
一次學會蛋糕、麵包、餅乾、常溫點心 /
OREO の甜食町作.
　-- 初版 . -- 臺北市 :
臺灣東販股份有限公司, 2021.12
272　面 ; 17×23 公分
ISBN　978-626-304-984-0（平裝）

1.點心食譜

427.16　　　　　　　　　　　　110019656